佛系：做个真正快乐幸福的人

吉家乐 / 著

中国华侨出版社

北京

　　人活在世上，就是要追求幸福和快乐。幸福源自知足，幸福不是拥有得多，而是计较得少；快乐源自心安、放下、自在，不为昨天而纠结，不为将来而忧愁，不为旁人一句话而恼，不为他人一件事而怒。

　　在这个物欲横流的社会里，我们难免会有这样或那样的烦恼。感觉累了，身心疲了，是因自己负载累累，心力透支，停下来歇歇，平心静气，调整心态，放下所承受的负担，改变自己的生活方式，过出不一样的生活。活在当下，因为过去的已经过去，未来的尚未到来。最珍贵的不是已经失去的，也不是未得到的。人生要把握的是现在，要珍视的是现在所拥有的。

　　我们一切的烦恼和迷茫，本书都会为我们做解答——

　　当我们自怨自艾时，禅会告诉我们：世间生命多种多样，有天上飞的、水中游的、陆上爬的、山中走的，所有生命都有自己的生存方式和存在价值，没有卑微的生命。

　　当我们趾高气扬时，禅会告诉我们："荣华与歌笑，万事尽成空。"一时的荣华与盛名都只是虚妄的繁影，终究无法阻挡岁月的侵蚀，随流水东去。不如低下头来，看看低处的风景。

　　当我们庸庸碌碌，忙于工作、生存时，禅会告诉我们："戒律是禅，生活是禅，劳动也是禅。"只有悦纳自己的工作，才能一步步把它做成事业，而不仅仅是一份糊口的差事。

当我们感到无聊、抑郁时，禅会告诉我们："月影松涛含道趣，花香鸟语透禅机。"所有的快乐和智慧都在这个"捆缚"我们的红尘里，只要我们愿意睁眼、谛听，自然能收获满心的安宁与欢喜。

当我们为情所困、痛不欲生时，禅会告诉我们："有缘即住无缘去，一任清风送白云。"在因缘和合的尘网里，只要我们用心牵好手里的线，自然会有遇见真正属于自己的幸福的一天。

每种际遇、每份感情、每次迷茫、每次心痛、每个困惑、每次领悟、每个微笑、每滴泪水……禅，都会为我们一一解答，当然，禅的解语并不是枯燥的注解，也不是空泛的点评，而是温柔抚慰我们心灵的暖人之语，让我们重新审视自己和世界，发现自心的空灵轻盈与人生的曼妙美好，从容地到达幸福的彼岸。

目录

第三章　抬头向前，当事事尽心

第四章　不纠结过去，不忧心未来

第五章　随缘便是自在，心安便是归处

第一章

心美，一切皆美

要明了世界，先明了自己

> 世人不知心是道，只言道在他方妙。
> 还如瞽者望长安，长安在西向东笑。
>
> ——唐·皎然禅师

很多时候我们求知总是外指的，希望自己能够了解整个外部世界，却忽视了对自己内心的探求。禅修的一种观念是：认识自我、肯定自我、成长自我、消融自我。无论是做事还是禅修，首先要做的就是认识自己。只有认识了自己，才能了解外部的世界。

禅院里来了一个小和尚，虽年纪轻轻，但聪明勤快，他希望能够尽快地有所觉悟，于是常常去找智闲禅师，诚恳地向禅师请教："师父，我刚来到禅院，不知道应该做些什么才能更快地有所悟，请师父指点一二。"

智闲禅师看到他诚恳的表情，微笑着说："既然你刚刚来这里，一定还不认识禅院里的师父和师兄们，你先去认识一下他们吧。"

小和尚听从了禅师的指教，接下来的几日里除了日常的劳作和参禅，都在积极地结识其他僧人。几天之后，他又找到智闲禅师，说："师父，禅院里的禅师和师兄们我都已经认识了，接下来呢？"

智闲禅师看了他一眼，说："后院菜园里的了元师兄你见过了吗？"

小和尚默默地低下了头。

智闲禅师说："还是有遗漏啊，再去认识和了解吧！"

又过了几天，小和尚再次来见智闲禅师，充满信心地说："师父，这次我终于把禅院里的僧人都认识了，请您教我其他的事情吧！"

智闲禅师走到小和尚身边，气定神闲地说："还有一个人你没有认识，而且这个人对你来说特别重要！"

小和尚疑惑地走出智闲禅师的禅房，一个人一个人地询问，一间房一间房地寻找那个对自己很重要的人，但始终没有找到。深夜里，他一个人躺在床上仍在思考：到底这个人是谁呢？

过了很久，小和尚始终找不到对自己特别重要的那个人，但是也不敢再去问禅师。有一天下午，他打完坐，准备烧水做饭，打水时突然在井里看见了自己的倒影。他顿时明白了，智闲禅师让他寻找的那个人，原来就是他自己！

其实，很多人都像这个小和尚一样，好奇地打量着外部的世界，积极地探索着这个世界中的未知，却忽视了自己。连自己都没有真正认识的人，如何去了解这个世界呢？

只有完全认识了自己，才能更好地接触世界，但是认识自己比认识世界要困难得多。在认识自己的时候，要把眼睛生在心里，观察自己；要把嘴巴长在心上，评论自己。时时刻刻地认识自己，唯有如此，生活才不会疏远，感情和理智也会相得益彰，不会为自己制造麻烦。

在寻找自我的过程中，要先认识到自己的缺点，再肯定自己的优点。这就跟我们照镜子一样，如果看到镜子里的自己一脸灰尘、满是油垢就不想再面对镜子里的自己，那我们就看不清自己的长相。这种拒绝面对自己缺点的行为只会让我们自我膨胀。

现实生活中，只有认清了自己，知道自己有什么缺点需要改正，有什么优点需要保持，才知道自己可以做什么事情，不可以做什么事情。这样，才能在由知转行的过程中走得更稳健，才能在行动过程中增加与外部世界的接触，从而在知行合一中获得禅悦。

世间有千种禅趣佛香，留一只眼睛看看自己心里的森罗万象。

· 禅花解语 ·

不用内心的清净洗洗眼睛，如何能把这个世界的美丽看清？

每个生命都不卑微

> 梅雪争春未肯降，骚人搁笔费评章。
>
> 梅须逊雪三分白，雪却输梅一段香。
>
> ——宋·卢梅坡《雪梅（其一）》

世间生命多种多样，有天上飞的，有水中游的，有陆上爬的，有山中走的……所有生命，都在时间与空间之河里兜兜转转，时而汤汤，时而潺潺。生命，总是以其多彩多姿的形态展现着各自的意义和价值。

"若生命是一朵花就应自然地开放，散发一缕芬芳于人间；若生命是一棵草就应自然地生长，不因是一棵草而自卑自叹；若生命不过是一阵风则便送爽；若生命好比一只蝶，何不翩翩飞舞？"梁晓声笔下的生命有一种佛性的怡然自得、超然洒脱。

芸芸众生，都平凡得像海中的一滴水、林中的一片叶。海滩上，这一粒沙与那一粒沙的区别你可看得出？旷野里，这一抔黄土和那一抔黄土的差异你是否道得明？

每个生命都很平凡，但每个生命都不卑微，真正的智者不会让自己的生命陨落在无休无止的自怨自艾中，也不会甘于身心的平庸。

你见过在悬崖峭壁上卓然屹立的松树吗？它深深地扎根于岩缝之中，努力舒展着自己的躯干，任凭阳光暴晒，风吹雨打，它依旧保持着昂扬的斗志和积极的姿态。或许，它很平凡，只是一棵树而已，但是它并不平庸，它努力保持着自己生命的傲然姿态。

有这样一则寓言，让我们懂得，每个生命都不卑微，都是大千世界中不可或缺的一环，都在自己的位置上发挥着自己的作用。

一只老鼠掉进一个桶里，怎么也出不来。老鼠吱吱地叫着，发出了哀鸣，可是谁也听不见。可怜的老鼠心想，这只桶大概就是自己的坟墓了。正在这时，一只大象经过桶边，用鼻子把老鼠卷了出来。

"谢谢你，大象。你救了我的命，我希望能报答你。"

大象笑着说："你准备怎么报答我呢？你不过是一只小小的老鼠。"

过了一些日子，大象不幸被猎人捉住了。猎人用绳子把大象捆了起来，准备等天亮后运走。大象伤心地躺在地上，无论怎么挣扎，也无法把绳子扯断。

突然，小老鼠出现了，一番辛苦之后，它终于在天亮前咬断了绳子，替大象松了绑。

大象感激地说："谢谢你救了我的性命！你真的很强大！"

"不，我只是一只小小的老鼠。"小老鼠平静地回答。

每个生命都有绽放光彩的刹那，即使一只小小的老鼠，也能够拯救比自己大得多的大象。故事中这只老鼠正是星云大师所说的"有道者"，一个真正有道的人，即使别人看不起他，把他看成卑贱的人，他也不受影响，因为他了解自己的人格、道德，不一定要求别人来了解、来重视。他会在自我的生命驿旅中将智慧的种子撒播到世间各处。

也许你只是一朵残缺的花，只是一片熬过旱季的叶子，或是一张简单的纸、一块无奇的布，也许你只是时间长河中一个匆匆而逝的过客，不会吸引人们半点的目光和惊叹，但只要你拥有自己的信仰，并将自己的长处发挥到极致，就会成为成功驾驭生活的勇士。

·禅花解语·

没有哪个人天生卑微地存在，正如没有哪朵花生来就是黑白的。

事事努力尽心，不求万全

> 江寺禅僧似悟禅，坏衣芒履住茅轩。
>
> 懒求施主修真像，翻说经文是妄言。
>
> 出浦钓船惊宿雁，伐岩樵斧迸寒猿。
>
> 行人莫问师宗旨，眼不浮华耳不喧。
>
> ——唐·杜荀鹤《题江寺禅和》

禅宗有这样一句话："晦而弥明，隐而愈显。"一个人的心境处在黑暗的现实中时，反而更加明朗；越是不动声色地隐藏自己的智慧，智慧的光芒就越是普照四方。

外表糊里糊涂的人可能才是深藏不露、大智若愚的智者；看似手脚笨拙的匠人也许才是心灵慧明的能工巧匠。默时有似痴呆，所以如晦如隐；照时智慧灵然，所以如明如显。

孔子曾说："宁武子，邦有道则知，邦无道则愚。其知可及也，其愚不可及也。"意思是说，宁武子在国家政治清明的时候表现得非常机智，在国家政治混乱黑暗的时候就表现出很愚蠢的样子。他的聪明智慧我们也许能达到，但是他的"糊涂"我们怎么也赶不上。

生活中那些被称作"聪明"的人，算计来算计去，不过是为了眼前的一点蝇头小利，而这些东西实在不足挂齿，况且聪明总被聪明误，他们不算是真正的聪明。与其陷在算计的聪明中，还不如糊涂一点，如此既不失智慧，又能拥有恬淡充实的心境，何乐而不为？

大文豪苏轼在《洗儿》一诗中这样写："人皆养子望聪明，我被聪明误一生。惟愿孩儿愚且鲁，无灾无难到公卿。"苏轼对自己一生因聪明而受的苦刻骨铭心，自己深知聪明之害，以致希望自己的儿子愚蠢一点，才能躲避各种灾难。然而，并不是每个人都懂得这个道理，结果往往聪明反被聪明误，赔上前途不说，甚至为此丢了性命。三国时期的杨修就是这样的一个典型。

三国时期，杨修是曹操门下掌库的主簿，博学能言，智识过人，但他也有一个缺点，那就是恃才傲物。有一回，有人送了一盒酥饼给曹操，曹操接到后并没有吃，只是在礼盒上写了"一合酥"三个字，放在案头，就径直出去了。

这时，杨修正好进来看见那盒点心，便打开礼盒，把酥饼给众人分吃了。这个时候曹操进来见大家正在吃他案头的酥饼，马上脸色一变，大声问众人："为何吃掉了酥饼？"杨修主动上前答道："丞相，我们是按您的吩咐吃的。""此话怎讲？"曹操反问道。杨修从容回应道："丞相在酥盒上写着'一合酥'，意思就是'一人一口酥'，这分明是赏给大家吃的，难道我们敢违背丞相的命令吗？"曹操心里非常不舒服，内心对杨修产生了极大的厌恶，只是没有表现出来。

杨修把自己的小聪明运用在琢磨曹操的日常行为上，从而给自己埋下了祸根，最终被曹操诛杀。

这很值得我们引以为鉴。时过境迁，对现代人而言，糊涂的意义慢慢从乱世求生变成现世求快乐、安好。我们所谓的糊涂，就是不用想太多，不用想后果，因为纠缠与思考是负担和枷锁。

我们看重的不是结果，而是过程。糊涂的人往往更快乐，因为幸福会追着他们走，他们不必费尽心机争取，就可以随意享受阳光的热情。太过理性的人总是追着幸福跑，可用尽全力也抓不住飘忽不定、转瞬即逝的幸福。

糊涂是大智若愚，是另类的聪明，是岁月在一个人身上沉淀下来的大智慧。难得糊涂是一种历经风雨后的豁达，也是卧薪尝胆的坚忍，更是心中有数的正派。

因此，生命不要总是算计，否则越算越短；固执也不能丈量，否则会越量越长，就像树木想要收获果实，必须舍弃满枝的蓓蕾。生需要取舍、需要迂回、需要变通，因为在我们生活的世界，没有绝对的结果，只有必然存在的放弃；生活没有绝对的执着，只有随缘的意外。

·禅花解语·

晦而弥明，隐而愈显；水低为海，人低为王。

心若简单，生活就简单

> 今日阶前红芍药，几花欲老几花新。
>
> 开时不解比色相，落后始知如幻身。
>
> 空门此去几多地，欲把残花问上人。
>
> ——唐·白居易《感芍药花，寄正一上人》

唐朝龙潭崇信禅师跟随天皇道悟禅师出家，数年之中，打柴炊爨，挑水做羹，不曾得到道悟禅师一句半语的法要。一天，崇信对师父说："师父！弟子自从跟您出家以来已经多年，可是一次也不曾得到您的开示，请师父慈悲，传授弟子修道的法要吧！"

道悟禅师听后，立刻回答道："你刚才讲的话，好冤枉师父啊！你想想看，自从你跟随我出家以来，我未尝一日不传授你修道的心要。"

"弟子愚笨，不知您传授给我什么？"崇信讶异地问。

道悟并没有理会徒弟的讶异，淡淡地问："吃过早粥了吗？"

崇信说："吃过了。"

师父又问："钵盂洗干净了吗？"

崇信说："洗干净了。"

师父说："去扫地吧。"

崇信疑惑地问："难道除了洗碗扫地外，师父就没有别的禅法教给我了吗？"

师父厉声说："我不知道除了洗碗扫地之外，还有什么禅法！"

崇信禅师听了，当下开悟。

禅就是生活。吃了粥去洗钵盂，很平常也很自然，但这里面蕴藏着无限的禅机。其实，幸福也是如此简单，有人这样说过，"简单不一定最美，但最美的一定简单"。

在五光十色的现代世界中，应该记住这样的真理：活得简单才能活得自由。

住在田边的蚂蚱对住在路边的蚂蚱说："你这里太危险，搬来跟我住吧！"路边的蚂蚱说："我已经习惯了，懒得搬。"几天后，田边的蚂蚱去探望路边的蚂蚱，却发现对方已被车子轧死了。其实，掌握命运的方法很简单，远离懒惰就可以了。

一只小鸡破壳而出的时候，刚好有只乌龟经过，从此以后，小鸡就打算背着蛋壳过一生。它受了很多苦，直到有一天，它遇到了一只大公鸡。原来，摆脱沉重的负荷很简单，寻求名师指点就可以了。

一个孩子对母亲说："妈妈你今天好漂亮。"母亲问："为什么？"孩子说："因为妈妈今天一天都没有生气。"原来，要拥有漂亮很简单，只要不生气就可以了。

一位农夫叫他的孩子每天在田地里辛勤劳作，朋友对他说："你不需要让孩子如此辛苦，农作物一样会长得很好的。"农夫回答说："我不是在培养农作物，而是在培养我的孩子。"原来，培养孩子很简单，让他吃点苦就可以了。

有一家商店经常灯火通明，有人问："你们店里到底是用什么牌子的灯管？那么耐用。"店家回答说："我们的灯管也常常坏，只是我们坏了就换而已。"原来，保持明亮的方法很简单，只要常常换掉坏的灯管就可以了。

有一支淘金队伍在沙漠中行走，大家都步履沉重，痛苦不堪，只有一人快乐地走着，别人问："你为何如此惬意？"他笑着说："因为我带的东西最少。"原来，快乐很简单，只要放弃多余的包袱就可以了。

生活看似是烦琐的，其实很简单，因为人们不肯主动发问，主动寻求帮助，主动体会合作与和谐之美，才使整个生命变得复杂。

不如从今天起，好好修剪自己的生活，化繁就简，随性自然。在"任意妄为"中体悟本心、本性的自在圆满。

·禅花解语·

化繁就简，才能轻轻松松；自然而然，才能自由恣意。

一种眼界，一种天地

> 盆山不见日，草木自苍然。
>
> 忽登最高塔，眼界穷大千。
>
> ——宋·苏轼《端午遍游诸寺得禅字》

人生的成功，尤其是成就开放式的人生，与视野开拓息息相关。视角越大，看见的世界越大，实现理想的机会也就越大。正因为视野决定人生的高度，才有了登高望远的名言，才有了坐井观天的警句。

庙里有两个和尚，一个是老方丈，一个是小和尚。小和尚每天的任务就是砍柴挑水，十分单调。有一天他耐不住寂寞，跑去找方丈："方丈、方丈，教我佛经里的智慧法门吧。"

方丈看了看小和尚，什么也没有说，回到房间里搬了一块石头出来："这样吧，今天你把这块石头拿到山下的市集上去卖，但是记住一点：无论别人出多少钱都不要卖！"小和尚想不通：拿一块石头让我去卖，而且，有人买还不卖？百思不得其解，小和尚只好拿着石头下山了。

在市集里，有个妇女走了过来，看了看石头说："我愿出五文钱买你这块石头，它可以在我丈夫写字的时候压纸，这样纸不容易被风吹走。"小和尚想，没想到一块石头能卖五文钱啊！但是，方丈不准他卖，小和尚只好说："不卖！不卖！"妇女走了。

　　小和尚回到山上，说："今天竟然有个妇女愿意出五文钱买这块石头，但你说不让我卖，我只好不卖。"

　　方丈问："你能从中明白些什么吗？"

　　小和尚摇摇头回答："不明白。"

　　方丈笑了笑："这次你把这块石头拿到山下的米铺老板那儿去卖，但是记住：无论他出多少钱都不要卖！"小和尚带着石头下山了。

　　小和尚来到米铺，见到了米铺老板。米铺老板拿着那块石头端详了半天说："我出五百两银子买你这块石头！"小和尚吓了一大跳，一块石头值五百两银子啊！米铺老板解释："这是一块化石，我愿意出五百两银子来买这块石头！"小和尚连忙说："不卖！不卖！"抱着石头赶忙回去找方丈。

　　小和尚见了方丈，说："方丈，米铺老板说愿意出五百两银子来买这块石头，说这是一块化石。"

　　方丈问："你能从中明白些什么呢？"

　　小和尚回答："不明白。"

　　方丈又是笑笑："这次呢，你还是去卖石头。不过，这次是卖给山下珠宝店的老板，还是要记住：无论他出多少钱都不要卖！"

　　小和尚来到珠宝店，老板把石头拿过来端详半天说："我只有三家珠宝店、两家当铺和一些田产，我愿意拿我所有的财产来换这块石头！"小和尚吓得跌倒在地上："这么值钱啊！"

　　珠宝店老板解释："你不要看它是一块普普通通的石头，其实，它只是外面包裹了一层石头，里面是一块无价的宝玉！"

　　小和尚吓得连忙说："不卖！不卖！"紧紧抱着石头上山去找方丈。

　　"方丈，方丈，珠宝店老板说他愿意拿所有的财产来换这块石头。他说这里面是一块无价的宝玉……"

　　方丈问："这次你明白了吗？"

　　小和尚回答："不明白！"

　　方丈微笑着告诉小和尚："同样一块石头，在一个妇女的眼中，只是一块压纸的石头，值五文钱；到了米铺老板那里，米铺老板认识到它的一些价值，觉得它是一块化石，愿意出五百两银子来买；

而真正懂得它的价值的只有珠宝店的老板，知道它是外面包裹了一层石头，里面是一块无价的宝玉！"

同样一块石头在妇女眼里就值五文钱，在珠宝店老板那里却价值连城，可谓天壤之别。这其中的差别何在？对，是眼界！正如参禅悟道，有的人只能看山是山、看水是水，有的人却能从中看出般若、菩提，其实都是眼界高低的问题。老和尚正是通过这个经历告诉小和尚，要想真正参悟智慧法门，就要提升眼界，认真修为，站到佛陀的高度才能从身边的一草一木中发现智慧、禅机。如果你还看不清自己灵魂里种着的佛性，看不见大千世界里蕴藏的禅机，那只能说明你站得还不够高。

·禅花解语·

打开眼界，才能通行无界。

一寸时光，一寸命光

> 劝君莫惜金缕衣，劝君惜取少年时。
>
> 花开堪折直须折，莫待无花空折枝。
>
> ——唐·杜秋娘《金缕衣》

禅宗说："日日是好日。"一生的幸福，往往来自每一日快乐的积累。

如何才能过好每一日呢？星云大师说，每日说好话，每日行善事，每日常反省，每日多欢喜，只有今天把今天过好，明天把明天过好，才能一月一月、一年一年地过好，才会一生过好。日日是好日，每一日、每一分都理应珍惜。

两千多年前，先圣孔子在河边说："逝者如斯夫，不舍昼夜。"逝水不会重归，时间也不会重返，若想在每一天都获得充盈的快乐，就要珍惜从自己手指间溜过的每一秒。

一寸光阴一寸金，寸金难买寸光阴。时间就像一阵风，来得快，去得也急；时间就像一页书，看得快，翻得也快；时间就像一匹良驹，跑得快，过得也快。

法国思想家伏尔泰曾讲过一个意味深长的谜："世界上有样东西是最长又是最短的，是最快又是最慢的，是最能分割又是最广大的，是最不受重视又是最值得惋惜的；没有它，什么事情都做不成；它使一切渺小的东西归于消失，使一切伟大的东西生命不绝。"

对于这个谜，众说纷纭，很多人都猜不透。

直到有一天，一个名叫查第格的智者猜中了。他说："最长的莫过于时间，因为它永远无穷无尽；最短的也莫过于时间，因为它使许多人的计划都来不及完成；对于等待的人，时间最慢；对于在作乐的人，时间最快；它可以无穷无尽地扩展，也可以无限地分割；当时谁都不加重视，过后谁都表示惋惜；没有时间，什么事情都做不成；时间可以将一切不值得后世纪念的人和事从人们的心中抠去，也能让所有不平凡的人和事永垂青史！"

这就是时间的珍贵所在啊！佛陀曾说，生命就在一呼一吸之间而已。生命易逝，我们有什么理由不珍惜时间呢？

人生百年，几多春秋。向前看，仿佛时间悠悠无边；猛回首，方知生命挥手瞬间。

时间是最平凡的，也是最珍贵的，金钱买不到它，权力留不住它，每个人的生命都是有限的。它一分一秒，稍纵即逝，与其每天长吁短叹，不如将其牢牢地把握，如此，才能在有限的时间桎梏下获得最大的自由、最洒脱的幸福。

·禅花解语·

最吝啬时间的人，时间对他最慷慨。

那么时间到底是什么呢？时间对于不同的人有不同的意义：对于活着的人来说，时间是生命；对于从事经济工作的人来说，时间是金钱；对于做学问的人来说，时间是资本；对于无聊的人来说，时间是债务；对于学生来说，时间是财富，是命运，是千金难买的无价之宝。

时间最不偏私，给任何人都是二十四小时；时间也最偏私，给任何人都不是二十四小时。凡事抓住今天，才能不依赖明天！

一寸光阴，不是一寸黄金，而是一寸生命啊！

慈悲力无穷

> 普慈寺后千竿竹，醉里曾看碧玉缘，
> 倦客再游行老矣，高僧一笑故依然。
> 久参白足知禅味，苦厌黄公聒昼眠。
> 惟有两株红杏叶，晚来犹得向人妍。
>
> ——宋·苏轼《书普慈长老壁》

佛经上说："一念觉，众生是佛。"众生皆有佛缘，开启慈悲心，发掘智慧心，立地成佛，不畏遮眼浮云，生命的微笑将绽放在世界的每一个角落。

圣严法师开示，佛陀涅槃之后，他的弟子都在人世间，一代一代地，"上求佛法以自利，下度众生以利他"，以佛法来帮助自己是智慧，以佛法来帮助他人是慈悲。慈悲心越重，智慧越高，烦恼也就越少。

真正的慈悲是关怀众生，不论是亲朋好友，还是路人，我们都要随时准备给对方以帮助。布施是重要的禅修方式之一。慷慨对人，是仁人的虔诚，是智者的宁静。

智德禅师在院子里种了一株菊花。三年之后的秋天，院子里已经开满了菊花，花香随风四散，甚至飘到了山下的村子里。

到禅院礼佛的信徒们常常流连于这美丽的花园之中，交口称赞："多么美丽的菊花啊！"有一天，一个信徒对智德禅师说他想跟禅师讨几株菊花种到自己家里，想让自己的家人也能每天看到如此美丽的花朵，嗅到花朵的芳香。智德禅师立刻答应了，并亲手帮他挑了几株开得最旺盛，枝叶最繁茂的菊花，然后连根须挖出来送给他。

消息传开之后，前来要花的人接踵而至，络绎不绝。智德禅师一一满足了他们的要求。不久，禅院中的菊花都被送了出去。

弟子们看到荒芜的禅院，不禁有些伤感，他们略带惋惜地对智德禅师说："真可惜，这里本应该是满园飘香啊！"

智德禅师微笑着说："你们想想看，这样不是更好吗？因为三年之后，将会是满村菊香啦！"

"满村菊香"，弟子们听师父这么一说，心中的不满和惋惜立刻消失不见了。

智德禅师将满园菊花送人，是想要把美好的事物与别人一起分享，他挣脱自我私利的束缚，以慷慨仁爱之心对人，即使自己一无所有，也要让其他人分享自己的幸福。这是一件快乐的事情，是真正的修佛者所拥有的胸怀。

人常说，"送人玫瑰，手有余香"，送人一株菊花，亦会香飘万里，就好像送人一轮明月，清凉的月光会照进自己的心房。

一位住在山中茅屋里修行的禅师，有一天趁夜色到林中散步，在皎洁的月光下突然开悟。他喜悦地走回住处，见到自己的茅屋遭小偷光顾。然而，找不到任何财物的小偷要离开的时候在门口遇见了禅师。原来，禅师怕惊动小偷，一直站在门口等待，直到小偷出来。他知道小偷一定找不到任何值钱的东西，于是早就把自己的外衣脱掉拿在手上。

小偷遇见禅师，正感到惊愕的时候，禅师说："你走老远的山路来探望我，总不能让你空手而回呀！夜凉了，你带着这件衣服走吧！"

说着，就把衣服披在小偷身上，小偷不知所措，低着头溜走了。

禅师看着小偷的背影消失在山林之中，不禁感慨地说："可怜的人呀！但愿我能送一轮明月给他。"

禅师目送小偷走了以后，回到茅屋赤身打坐，他看着窗外的明月，进入空境。

第二天，他睁开眼睛，看到他披在小偷身上的外衣被整齐地叠好，放在门口。禅师非常高兴，喃喃地说："我终于送了他一轮明月！"

面对偷窃的盗贼，禅师既没有责骂，也没有告官，而是以慈悲的心怀给予小偷谅解，并以这份苦心换得了小偷的醒悟。

禅师送了小偷一轮明月，而这轮明月照亮了小偷的心房。其实，这轮明月又何尝没有温暖禅师自己的心房呢？不管我们给别人的是关心还是宽容，自己总能收获满心的安宁与从容。

· 禅花解语 ·

手有余香，是因为慈悲之心郁郁苍苍。

第二章

没有不快乐的事，只有不快乐的心

心是万事之主

> 庐山烟雨浙江潮，未到千般恨未消。
>
> 及至到来无一事，庐山烟雨浙江潮。
>
> ——宋·苏轼《庐山烟雨》

《庐山烟雨》是苏轼在临终时留给小儿子苏过的一首偈子。苏轼在结束了长期的流放生活之后，从一个踌躇满志、一心从政报国的慷慨之士，慢慢变成一个从容面对、参透生活禅机的风烛老人。听说小儿子将就任中山府通判，他写下此诗。

初看之时，庐山的蒙蒙烟雨，钱塘江了无穷尽的潮汐，如滚滚红尘，令人感慨万千，百感交集却无从说起；等到自己投身于社会现实，经历人情冷暖、风雨沉浮，终于归来无事，眼界已超越物相，进入禅的境界后，那烟雨江潮已不是原来的烟雨江潮，而成了佛的意境、禅的风景。庐山依旧烟雨蒙蒙，钱塘江潮汐还是那样宏伟壮观，但这烟雨、这潮汐，就是佛，就是禅了。

无相禅师在行脚时，因口渴而四处寻找水源，刚好看到不远处有一个青年在池塘里踏水车，无相禅师向青年要了一点水喝。青年以一种羡慕的口吻说道："禅师，如果有一天我看破红尘，我一定会跟您一样出家学道。不过，我出家后，不想跟您一样到处行脚居无定所，我会找一个地方隐居，静心参禅打坐，不再抛头露面。"

无相禅师含笑问道："哦，那你什么时候能看破红尘呢？"

青年答道："我们这一带就数我最了解水车，全村的人都以此为主要水源。若找到一个能接替我照顾水车的人，没有了责任的牵绊，我就可以走自己的出路，就可以出家了。"

无相禅师道："你最了解水车，如果水车全部浸在水里，或完全离开水面会怎么样呢？"

青年说道："水车的原理是靠下半部置于水中，上半部逆流而转。如果把水车全部浸在水里，不但无法转动，甚至会被激流冲走；同样，完全离开水面也不能车上水来。"

无相禅师道："水车与水流的关系可说明人与世间的关系。如果一个人完全投身于江湖，难免被红尘俗世的潮流冲走；假如完全出世，自命清高，不与世间来往，则人生必是漂浮无根的。同样，一个修道的人，要出入得宜，既不袖手旁观，也不投身送死。"

正如无相禅师所言，出世与入世没有绝对的界限，相辅相成，须臾不可离。

生活中许多人在遇到一些打击与磨难后，变得心灰意冷，情绪低落，于是不愿继续努力拼搏，甚至生出出世之心。事实上，真正的看破红尘，就是以平常的心态面对生活中所有的幸与不幸，做到宠辱不惊、怡然自得，这才是人生的真谛。只有体悟到"悟道前，砍柴挑水；悟道后，砍柴挑水"的自在妙境才能得到充满禅意的真正幸福。

诗人白居易就深谙红尘里参禅悟道之法，他把禅融入现实生活中，用平常心习禅。他的禅，不是躲到深山老林里，和白云明月做伴；不是抛掷现实，去追寻虚渺的境界，而是在日常习俗中求得适意、自足、忘情；在寻常的日子里求得心灵宁静，以内心的自我解脱，来化解世间的苦闷。所以，他的诗多为感叹时世、反映民间疾苦之作，语言通俗易懂，却寄寓深刻，流传千古。

真正的禅无须离世苦寂，清净自在的禅者既可以在山水闲趣中澄澈心灵，也可以在车水马龙中坐享世间繁华。

·禅花解语·

出世求菩提，犹如觅兔角。

不以物喜，不以己悲

> 是动是念为二，不动则无念，无念即无分别，通
> 达此者，是为入不二法门。

——《维摩诘经》

平常心，就是不管时空如何变化，不管人情如何改变，始终心情平静，不为琐事费尽心思，不钩心斗角，每一天都活得轻松自在，时时都像过节一样兴致高昂。心平气和，才能长养智慧，止于至善；心气浮躁，只会蒙蔽灵台，趋向无明。

在喧嚣的尘世中，想要保持一颗平常心需要极大的定力和心灵力量。面对世间的利益纷争，做到无为、无争、不贪、知足，保持对名利的淡泊心，对屈辱的忍耐心，对他人的仁爱心，做好每天当做之事，享受每件事情带来的快乐，自然会有足够的力量来承担生活中的挫折和痛苦，获得更纯粹的幸福。

面对人生，我们要有闲看云卷云舒、花开花落的心境，要有一种从容自在的人生态度，既要正视生活中的悲欢离合，做到宠辱不惊，也要正确定位自己的人生，做到自在随意。

曾经有一个叫曾会的学士，与珊禅师是多年的好朋友。有一次学士外出，偶然遇到雪窦禅师，于是写了封介绍信给雪窦禅师，让他到灵隐寺去找珊禅师。雪窦禅师欣然接受，拜别后就继续云游去了。

　　这一别就是三年，一次，曾会学士因为公事来到灵隐寺。他突然想起三年前曾介绍雪窦禅师来这里，于是问珊禅师："雪窦禅师现在怎么样了？"

　　珊禅师疑惑地说："没有这个人呀！是不是搞错了？"

　　曾会学士说："怎么会搞错呢？我亲自介绍他来的！"

珊禅师派人在寺里上千僧众中找了个遍，可找了一上午，也没有找到这个人。

曾会学士说："你还记得拿我介绍信的那个人吗？"

珊禅师摇摇头说："没有啊！我从来没有收到过你写的介绍信呀！"

珊禅师看学士那么着急想找到这个人，便和学士一起寻找，可是找遍寺院，就是不见雪窦禅师的踪影。直到天快黑的时候，才在一间很破的屋子的角落里找到了正在打坐的雪窦禅师。

曾会学士高兴地喊道："雪窦禅师！"

雪窦禅师见是曾会学士，也感到十分惊喜，他与珊禅师各自作礼。

寒暄了一阵，曾会学士问道："三年前我亲笔写的介绍信你给丢了吗？为什么不给珊禅师看呢？害得你住这样的房子！"

雪窦禅师从衣袖里取出原封未动的介绍信还给曾会学士，说道："我只是一个云游的和尚，没有什么渴求，为什么要请人介绍呢？"

雪窦禅师在名利面前保持着最本真的自我，摆脱世俗的诱惑，抛却名利的纷扰，虽默默无闻但终成正果。

很多人在春风得意时容易喜形于色，在沾沾自喜中容易迷失自我，能够始终保持平常心的人总是少数。而那些心态平和的人在任何情况下都不显山露水，却往往能在不显不露中出头。

生命是一种缘，是一种必然与偶然互为表里的机缘，但有时命运偏偏喜欢与人作对，你越是挖空心思想得到一样东西，它越是想方设法不让你如愿。这时候，痴愚的人往往不能自拔，越想越乱，陷入自己挖的陷阱里；而明智的人明白知足常乐的道理，他们会顺其自然，不强求不属于自己的东西。

事实上，生活中太多东西是不可强求的，那些刻意强求的东西或许我们终生都无法得到，而那些不曾期待的往往会在我们的淡泊从容中不期而至。因此，面对生活中的顺境与逆境，我们应当保持随时、随性、随喜的心境，顺其自然，以从容淡定的平常心来面对人生的悲欢离合。应知平常即是福，颠沛才是苦。在生活中看亲情如灯，品人生似棋，执一颗平常的心，持不以物喜、不以己悲的从容态度，是平淡也是浪漫，是无语也温暖的人生境界。

宋代无门慧开禅师曾作禅偈曰："春有百花秋有月，夏有凉风冬有雪。若无闲事挂心头，便是人间好时节。"这种怡然自得的心境，日日是好日子的洒脱超逸，正是非常人的平常心啊。

· 禅花解语 ·

执着心即魔，平常心是道。

不苦不乐，是非不挂心

> 有是有非还有虑，无心无迹亦无猜。
>
> 不平便激风波险，莫向安时稔祸胎。
>
> ——唐·司空图《狂题十八首（其十六）》

　　快乐是每个人的天职，但快乐绝不是自甘堕落、随意懒散的享乐主义。人在追求快乐时也要拥有智慧，智慧就是豁达地看待万事万物，别人看外，你看内；别人看点，你看面。唯有用自己的智慧看待苦乐，才能参透生活的真相，解决问题时才可以做到四两拨千斤。在不苦不乐的中道生活中，才能找到真正意义上生命的逍遥。

　　云照禅师是一位得道高僧，他面容慈祥，常常带着微笑，生活态度非常积极。每次对信徒们开示，他总是会说："人生中有那么多的快乐，所以要乐观地生活。"

　　云照禅师对待生活的积极态度感染着身边的人，在众人眼中，他俨然是快乐的象征。可是有一次云照禅师生病，卧病在床时，他不住地呻吟道："痛苦啊，好痛苦呀！"

　　这件事很快传遍了寺院，住持听说后，便忍不住前来责备他："生老病死乃是不可避免的事情，一个出家人总是喊'苦'，是不是不太合适？"

　　云照禅师回答："既然这是必不可少的经历，痛苦时为何不能叫苦？"

住持说："曾经有一次，你不慎落水，在死亡面前依然面不改色，而且平时你也一直教导信徒们要快乐地生活，为什么自己一生病反而一味地讲痛苦呢？"

云照禅师对住持招了招手，说："你来，你来，请到我床前来吧。"

住持朝前走了几步，来到床前。云照禅师轻轻地问道："住持，你刚才提到我以前一直在讲快乐，现在反而一直说痛苦，那么，请你告诉我，究竟是说快乐对呢，还是说痛苦对呢？"

快乐与痛苦没有对错。生活本来就有苦乐两面。苦的时候要想起快乐；快乐的时候也应该明白还有苦。只顾捧着热烘烘的快乐，会乐极生悲；抱着冷冰冰的痛苦，又会苦得无味。所以，人最好过不苦不乐的中道生活。

不苦不乐的中道生活不是每个人都能得到的，却是每个人都应该追求的。人这一生，快乐与痛苦相伴而生，若一味享受快乐的生活，必然会在安逸的生活中丧失警惕；若长期沉溺于痛苦的深渊，又将在绝望的泥沼中无法自拔。生活总是苦乐参半，不要期待只有快乐而没有痛苦的生活，也不要偏执地认为生活毫无快乐可言。正视快乐的短暂，不回避痛苦的现实，在快乐中保持清醒，在痛苦时积极应对，这才是智慧的处世态度。

"对于有智慧的人来说，春天不是季节，而是内心；生命不是躯体，而是心性。"不苦不乐的中道生活源自人内心的洒脱与淡定。一个人追求繁华容易，返璞归真却难；潇洒地享受快乐容易，坦然地面对痛苦却难。

人的心性就如一杯水，淡淡的清水里没有任何杂质，就能够长久地保持洁净的状态，但如果在水中放入了一些酸甜苦辣的东西，这杯水很快就会变质。人的思想也是如此，想法越多越复杂，就越容易变质；而智慧的人，就能够坦然地面对生活中所有的苦与乐，享受不苦不乐的中道生活。

·禅花解语·

中道非庸道，不苦不乐才能在翻涌的红尘里淡定从容。

始随芳草去，又逐落花回

> 自来自去动洪炉，无象无私无处无。
> 回雁不多消气力，染花应最费功夫。
> 溟蒙便恨豪家惜，浓暖深为政笔驱。
> 莫讶相逢只添睡，伊余心不在荣枯。

——唐·贯休《春》

人人都向往自由自在、无拘无束的生活，可如何才能像高僧禅师那样，自由恣意、满心欢喜地生活？如果希望像禅者一样自由，首先就要拥有一颗纯净飘逸的心，随风如白云般漂泊，安闲自在，任意舒卷，随时随地，随心而安。

很多人为了能够禅修开悟，穷尽一生心力只为了寻找入定开悟的真理，而禅师却开示众生放下真理，才是真自由。修禅之人自然都希望能够找到一种抵达悟境的方法，所以往往皓首穷经，遍访名师，但是这样很容易将自己困住。当你追求真理之后，又能将所追求的真理放下，而不执着于一个非如何不可的真理，那才是真正的自由！

真正的自由不是追求，而更接近于一种随遇而安；不是消极地顺其自然，而是一种心境的舒适与坦然。看取莲花净，应知不染心。随心自在并不像用自己的左手握住右手一样简单，甚至不是通过简单的学习就能获得的，它是禅者的一种境界。宇宙万物有各自的生存法则，就像水随地势起伏而流淌，不会刻意地选择路线；云因为风的起落而飘动，不会刻意地抗拒聚散；花随四季的变迁而轮回，不会刻意地回避凋零。它们都是自由的，有着苍天大地赋予的顺其自然的奥义。

自由是一种心境，如闲云野鹤，闲散安逸不受尘世羁绊，能够在悲伤中发现喜悦，能够在阴霾中预见晴天，就如长沙景岑禅师所言，心能够在整个时空中徜徉，"始随芳草去，又逐落花回"。

一日，长沙景岑禅师到山上散步，回来的时候碰到住持。

住持问他："你今天去了哪里？"

长沙景岑禅师："我到山上去散步了。"

住持追问："去哪里了？"

长沙景岑禅师："始随芳草去，又逐落花回。"

长沙景岑禅师怀抱着一片和风煦日，没有狂风暴雨的心境，他所体验的世界没有黑暗，没有罪恶，一片阳光明媚。其实，不是世界没有狂风暴雨和黑暗罪恶，而是他的心不受外在环境的影响，永远安详、稳定、慈悲、宁静、光明。所以，不论他面对什么样的世界，他的心境始终自在安闲。

世人常常觉得不自由，即使禅定也只是为了求禅而刻意入定，虽然稳坐如钟，心却如风中摇曳的枯草，并没有得到真正的安宁。人生不满百，常怀千岁忧，过多的执着造成过多的苦恼，执着于其中不能自拔的人又怎么能了解禅者的自由境界呢？

心境坦然，悠然无滞，眼前自然是海阔天空，到处都会是盎然的芳草，遍地都是缤纷的落花，徜徉其中，天高云淡，鸟语花香，神奇的造物，悠然的心灵，一切如诗画般和谐动人。其中境界就如寒山诗偈所言："一住寒山万事休，更无杂念挂心头。闲于石壁题诗句，任运还同不系舟。"

· 禅花解语 ·

自由自在，是因为心无挂碍。

一心不乱，烦扰不生

闲居无事可评论，一炷清香自得闻。

睡起有茶饥有饭，行看流水坐看云。

——元·了庵清欲禅师

走过险峻的高山和坎坷的洼地，我们才发觉平坦道路的悠然自得；尝过咖啡的苦和果汁的甜，我们才发现最解渴的是清澈的纯净水；经历过辉煌和落魄，我们才知道平淡是生活的真谛。

生活是一条河，虽有扬波万里、豪情万丈之时，但最终都会归于水波不兴、平平淡淡。人生的平淡是一种气质，也是一种修养，更是一种境界。人们常说"绚烂至极归于平淡"，平淡就是所有波涛汹涌过后的一种人生常态。人们不可能一辈子都在惊涛骇浪中搏斗，平淡的幸福才是人们最终的心灵归宿。

平淡的生活如同一杯茶，当你放慢脚步，细细品茗，就能尝出一池莲花。

平淡是一盆葱郁的吊兰，它在阳台上潜滋暗长，舒枝展叶，悄悄地把绿色的宁静铺满你的心田；平淡是一杯清爽的茉莉花茶，清新的气味在平和中缓慢散开，层层舒展的花瓣逸出一波又一波的清香，让人们细细品味其中的悠然；平淡是一首清淡闲远的诗，吟诵之间让心灵浸染上一股清新宁静，不为世俗所扰。

老僧的一位老友来拜访，吃饭的时候，老友看他只吃咸菜，便不忍地问："你只吃这咸菜，难道不会太咸吗？""咸有咸的味道。"老僧笑着回答。

吃完饭后，老僧倒了一杯白开水，慢慢悠悠地坐在院子里喝，老友看到后又问："没有茶叶吗？怎么喝这么平淡的开水？"老僧依然笑着说："开水虽淡，可是淡也有淡的味道。"

咸菜的咸与白开水的淡就像我们在人生中遇到的不同情境与事件，在无法改变的情况下，不如学会适应和享受。虽然在漫漫人生路上，我们需要品尝各种滋味，体验各种心境，但是有高潮和低潮，有咸有淡，才是生活。

咸在人生中体现为我们强烈的信念、彻骨的痛苦、自我的孤独、炽热的情感、沉醉的痴迷、狂热的爱恋等；而淡就是细心的关怀、伟大的平凡、适当的沉默、温和的知足等。

人们一旦超越了咸与淡，就能真正品味到咸菜的滋味与白水的清甜，这也就是平淡的最高境界。俗话说"君子之交淡如水"，我们与周围的人和谐相处，做到宽容以待，推己及人，和而不同，那么生活中很多的纷扰就会迎刃而解，人生就会变得简单而美好。

平淡不是平庸，也不是懦弱，而是洗尽铅华之后的自我认定与归属，还是人们幸福与快乐的起源与根基。星云大师告诉我们："假如能够心平，就能光大心的功能，就能产生心中的净美。"

在人世间，如果我们能够心如止水，沉稳恬静，就能拥有平淡的心境，不拘泥于人言是非，不沉迷于功名利禄，脱离尘世的喧嚣之境，视悲欢荣辱如过眼烟云，不为权势所羁绊，不为物欲所累，以一颗平常心直面人生，以出世的精神做入世的事业，追求人格的独立和灵魂的自由。金圣叹在《临江仙》中说："是非成败转头空，古今多少事，都付笑谈中。"讲的就是要以平淡的态度面对人生。

平淡是最动人的本色，是不需要修饰和装点的。能够享受平淡的人，灵魂才会散发出迷人的香味。

·禅花解语·

平淡中有真味，一杯水可以喝出茶香，
一杯茶可以喝出一池莲花。

心无增减，人生丰满

当舍于懈怠，远离诸愦闹。

寂静常知足，是人当解脱。

——《大宝积经》

有个女人和一个爱她的男人组成了一个幸福的家庭，在平淡中生活得稳定而又幸福。但是过了几年后，女人不再满足于这种平淡的日子。她在一次社交活动中认识了一个年轻人。在年轻人的花言巧语下，女人有了一段婚外情。

有一天，年轻人对女人说："我们是真心相爱的，为什么要偷偷摸摸？要不我们去一个谁也不认识我们的地方，组建属于我们两个人的家。"轰轰烈烈是女人长期无味的生活后的欲望，她答应了。

趁着丈夫外出的机会，女人开始准备离家出走的东西。她拿走家中大部分能带走的财物，随后便来到约定的码头和情人会面。

情人说："为了不让人起疑，我先把东西运过河，再来接你。"女人便留在码头等自己的情人。

夜深了，情人没有出现。女人继续等，一天，两天，三天，情人再也没有出现过。女人知道自己被骗了，而此刻后悔也无济于事。这时的她又饿又累，她背弃了丈夫，所以不敢回家，情人又背弃了她，她不知道该何去何从。

这个时候，她在码头上看见一只嘴里叼着鹰奔跑的狗，那只鹰在狗的嘴里不断地挣扎着。当狗跑到河滩边时，它被水中的一条鱼吸引住了，它放下鹰，朝鱼走去。狗一到水边，鱼受到惊吓游开了，等狗悻悻地回过头时，鹰也飞走了。

女人"扑哧"一声笑了，她笑这只狗真傻，嘴里叼着的本来已经够好了，却还要去抓鱼，最后弄得自己一无所有。

这只狗看着嘲笑自己的女人说："你笑我傻，你自己何尝不是。我只是饿了一顿，而你却耽误了一生。"

人往往就是这样，自己拥有的不懂得珍惜，一旦失去了，才发现原来自己本身就是幸福的，可是还一味地追求别的幸福，为自己带来不必要的烦恼和困扰。故事当中的女人就是这样，用一生的苦不堪言，来换一时的甜言蜜语。

现代社会太过浮躁，人们习惯于把所有的东西都具体化，幸福也是如此，人们打着"追求幸福"的旗号去追求理想的生活，追求刻骨铭心的爱情，追求金钱，追求名誉，追求地位。什么都有了之后，却因为被复杂而奢侈的生活蒙上双眼，看不见最初想要追求的幸福。

幸福是什么？是拥有大量金钱，是拥有完美的爱情，还是拥有权位？都不是！因为过多的金钱会使人苦恼，甚至带来灾祸；爱情的确很美，但爱情带给人的痛苦也很多，社会上很多不幸的悲剧，都缘于"情关"难过，有的人甚至为情所困，导致身败名裂；权位的确荣耀，可以施展自己的抱负，但有的人权高位重，就把握不住自己，反而失去了人心，甚至失去了自己。

那么，到底什么是幸福？其实，没有人能给出一个标准答案，因为幸福是一种感觉，它就在生活里的每一件小事中，就在你身边，只要你用心把握它、感受它，你就是一个幸福的人。体验幸福的前提不一定是腰缠万贯，享尽山珍海味，也不一定是高官厚禄，呼风唤雨，高高在上，只要你懂得用心生活，无论你多么平凡，你都能收获幸福。

生活中，人心随着年龄、阅历的增长而越来越复杂，幸福却并不会因此而拥有得更多，反而在这复杂的内心中逐渐消失。其实，幸福源自内心的简约，简单使人宁静，宁静使人幸福。大凡简洁而执着的人常有幸福的人生。因为简约，才能在纷乱错杂中找到幸福的身影；因为简约，才能脚踏实地过好每一天。

· 禅花解语 ·

内心简约，是为了空出多余的地方接纳幸福。

所有烦恼，一笑了之

> 古人有糟粕，轮扁情未分。
>
> 且当事芝术，从吾所好云。
>
> ——唐·卢照邻《赤谷安禅师塔》（节选）

快乐对于每个人来说，除了怡情养性，还能养智慧之心。快乐就像一本大书，全心全意地读，才能品出其真味。只有明白生活中的真理，才能撷取未曾被注意到的快乐。快乐就在平凡单调的生活中，就在豪放洒脱的自在中，就在怡然自得的闲情中，先拥有豁达的胸怀，快乐和幸福才能从点点滴滴的细节中被释放出来。

在这个世界上，有人过得开心自在，有人却总是眉头紧锁。百丈怀海禅师教导我们一切随缘、放怀得失，自然就能在这个缘起性空的世界，坐享自己的清风白云、良辰美景。这种洒脱自在，着实令人神往。

天刚破晓，一位居士便兴冲冲地抱着鲜花和供果，赶到大佛寺想参加早课。谁知居士刚踏进大殿，旁边突然跑出一个人，正好与这位居士撞个满怀，将居士手里的水果撞落在地。居士看到满地的水果，忍不住叫道："你走路不长眼睛吗？这水果可是供佛的呀！看你怎么给我一个交代！"

从大殿旁边跑出来的人叫李南山，他不悦地回答："都已经撞落了，我说句'对不起'就是了，那么凶干什么？"

居士非常生气，道："你这什么态度？自己错了还要怪别人！"接着，互相指责的声音此起彼落。

广圊禅师正好从此经过，问明原委，开示道："走路匆忙鲁莽固然不对，但不肯接受他人道歉也不应该。能坦诚地面对自己的过失和宽容地接受别人的道歉，才是明智之举。"

广圊禅师接着又说道："人生在世，需要协调沟通、彼此谅解的地方实在太多了。例如，在社会上，如何与亲戚、朋友协调一致；在财物上，如何量入为出；在家庭里，如何与父母、妻子和睦相处；在身体上，如何保持健康，能够妥善地处理这一切才不会辜负我们可贵的生命。想想看，为这么点小事就破坏了一天的好心情，值得吗？"

李南山先说道："禅师！我错了，是我太冒失了！"说着便转身向居士道歉，"请接受我诚挚的道歉！"

居士也不好意思地回答："是我不对，为这么一点小事就发火，对不起！"

广圉禅师的一番话，感化了这两个争强好斗之人。

我们常常为生活中的琐事大发雷霆，归根到底，都是因为我们的心不够沉静，就像一杯浑浊的水，于是，随便一件事情都能触发我们心底的不满。

静下心来想想，其实每一次生气都是为一些小事而已，让它们影响了我们一天的心情，这又是何苦呢？不妨宽容一些，随性一些。

一个人的心中如果装不下"宽容"，生活就如同在刀锋上行走。宽容不仅是一种雅量和胸怀，更是一种人生的境界，同时，宽容也创造了生命的美丽。博大的胸怀，不拘小节的潇洒，欢喜了别人，也放过了自己。

我们每天穿梭于茫茫人海中，一个小小的过失，一个淡淡的微笑，一句轻轻的歉意，带来的是包涵与谅解。多少烦恼，一笑而过，生活因此而变得轻松、快乐。

·禅花解语·

人生在世，若不常常与人相撞、相识、相互一笑，又怎会朋友满天下？

第三章

抬头向前，当事事尽心

先播种，后收获

> 昨天付出是昨天的事，如果今天尚未付出，就不要期待收获。
>
> ——圣严法师

戒律是禅，生活是禅，劳动也是禅。

一分耕耘，一分收获，是亘古不变的真理。虽然我们在现实生活里也有不劳而获的人，可只有用自己的汗水和努力浇灌出的果实，才吃得香甜满足。也只有每天以自己的劳作供养自己，才能于踏实安心的平凡平淡中体悟到生活的真谛、禅的真谛。

"深泥田里好相聚，拽耙鞭牛真快活。"这是《田歌》中的两句，描写了江西真如禅寺中僧侣的农禅生活。追根溯源，这种"农禅"源自唐代百丈怀海禅师进行的改革，他要求自长老以下不分长幼，都要参加生产劳动。《田歌》中的禅修者正是继承了百丈怀海禅师这种"凡作务执劳，必先于众"的禅风，过着清苦的生活，在每日的劳作中虔诚地寻求充实与安宁。

百丈禅师倡导"一日不作，一日不食"的农禅生活，曾经也遇到过许多困难，因为佛教一向以戒为规范生活，而百丈禅师改进制度，以农禅为生活，因此有人批评他为外道。

百丈禅师每日除了领众修行外，必亲执劳役，勤苦工作，在生活中自食其力，极其认真，对于日常的琐碎事务，尤其不肯假手他人。

渐渐地，百丈禅师年纪大了，但他每日仍随众上山担柴、下田种地。弟子们不忍心让年迈的师父做这种粗重的工作，因此，大家恳请他不要随众劳动，但百丈禅师仍以坚决的口吻说道："我无德劳人，人生在世，若不亲自劳动，岂不成废人？"

弟子们阻止不了禅师工作，只好将禅师所用的扁担、锄头等工具藏起来，不让他做工。

百丈禅师无奈，只好以绝食抗议，弟子们焦急地问他为何不饮不食。

百丈禅师道："既然不工作，哪能吃饭？"

弟子们没办法，只好将工具还给他，让他随众劳作生活。

不管你做什么职业，都要先付出，然后才有收获。即使讲究"顿悟成佛"的禅宗也是一样。百丈禅师正是明白了这一点，才会坚持"一日不作，一日不食"，以求在劳动之中磨炼自己的心性，寻求悟道、度化自身之法。

在时光之河中，只有坚持每天都迈出坚实稳固的一步才能不被河水冲走，到达彼岸。

有位和尚问文益禅师："您在一整天的生活中是如何修行的呢？"

文益禅师回答说："步步踏着。"

步步踏着，多么平实却充满力量的字眼！"不积跬步，无以至千里；不积小流，无以成江海。"只有脚下踏实，心无二念，一步步、一天天向前走，才能完成最圆满的修行。人生中的每一件事，又何尝不是如此呢？

生命里的每一个"现在"都是不可取代的，都需要用心体会。

人们总是为昨天的花开和明天的叶落或悲或喜，或微笑或叹息，却不愿意为今天的美丽驻足倾听，待其逝去才幡然悔悟。这种人生多么悲哀啊！

别再错过每个"今天"了，握好手里的锄头，仔细耕耘你的工作和生活，待到深秋，再对着满满一心田的温暖喜悦，举起镰刀吧。

·禅花解语·

懂得"一日不作，一日不食"，才能尝尽天下事。

一理通，则百事通

> 左手握骊珠，右手持慧剑。
> 先破无明贼，神珠自吐焰。
> 伤嗟愚痴人，贪爱那生厌。
> 一堕三途间，始觉前程险。

> ——唐·拾得禅师

决定一个人价值的往往不是他所处的位置，而是他努力的方向。对自己的期待和要求越高的人，所取得的成就往往越大。这种规律最直接地反映在我们对待工作的态度上，工作占据我们生活的很大一部分时间，它绝不仅仅是一个用来养家糊口的饭碗，而是我们人生的碗里盛放的切实的时间和精力。你怎么看待工作，工作就怎么反馈你。

正确的工作态度是做好工作的前提，我们应该认识到工作既是一种谋生方式，也是一种修行。而工作里的修行和修禅一样，需要认真和用心。在工作、生活中投入热情，认真对待，才不会在修行之后如竹篮打水，一无所获。你可以不聪明，但一定不能不认真。一个懂得事事认真的人，一定是一个热爱生活且懂得生活的人，你的生命会因为你的认真而变得充实。你也许依然平凡，但绝不平庸！

一座深山里有座寺庙，庙里有一个老和尚和一群小和尚，其中一个小和尚在寺院中专司撞钟一职。按照寺院的规定，早上和黄昏要各撞一次钟，小和尚将撞钟的时间牢牢地记在了心中，无论阴天下雨，还是狂风冷雪，他都坚持着，钟声从未间断。但年复一年，小和尚渐渐厌倦了，他觉得每天撞两次钟，周而复始、千篇一律实在太无聊了，心就渐渐麻木起来，每次撞钟时，或者天马行空地任思想游离在外，或者什么也不想，就如机器一般。

一天，小和尚撞钟时，寺院的住持从旁边经过，看到小和尚漫不经心的表情，便将他叫到身边，语重心长地对他说："看来，你已经不能胜任撞钟这个工作了，你还是去后院砍柴挑水吧！"

小和尚既不解又委屈："师父，撞钟还需要什么特别的能力吗？难道我撞的钟声不够响亮？还是延误过时间？"

住持说："你很准时，撞的钟声也很响亮。但是你不觉得你的钟声里缺少什么特殊的东西吗？"

"缺少什么特殊的东西呢？"

"你没有理解撞钟的意义。钟声不仅仅是寺里作息的信号，更重要的是为唤醒沉迷众生，因此，钟声不仅要洪亮，还要圆润、浑厚、深沉、悠远。心中无钟，即是无佛，如果不虔诚，怎能担当撞钟之职！扪心自问，你的心中有钟吗？"

小和尚低下了头，脸上露出惭愧之色。

心中无钟，自然敲不出山林寺庙的佛心禅韵。这个小和尚不合格之处正是因为他只把工作当成工作。早晚撞钟是寺院的规矩，但这种规矩不是死板的教条，而是在寺庙发展的历史中形成的文化积淀，是含有佛门深意的。小和尚只是把撞钟当成一件无趣的差事，而没有用心体会其中蕴含的深意，以致将钟撞得了无生趣，自己不开心，听钟的僧侣们也觉索然无味。

　　你有没有觉得自己对工作的态度也与这个小和尚很像，在工作的忙碌中感受到的不是充实而是麻木，在生活的各种娱乐里收获的不是愉悦而是空虚？圣严法师说："当人不知道活在这个世界上的目的是什么的时候，就会感到空虚了。"洞悉因果的法师自然能从忙碌中感受到充实，作为凡人的我们，也应该懂得干一行爱一行、做一样像一样的道理，认真对待工作，充满热情地享受工作，享受生活。

·禅花解语·

　　心中有万千丘壑，事业才会一马平川。

遇事要看清，做事要做透

> 一节复一节，千枝攒万叶。
>
> 我自不开花，免撩蜂与蝶。
>
> ——清·郑板桥《竹》

有时候，人是迷茫的，不知道自己一路奔波追寻的是什么，恃才傲物，好高骛远；有时嫉羡他人，自惭形秽；有时只是在渐渐麻木的工作生活中突然感到深深的茫然和失落。问问自己踮起脚尖努力想触及的目标究竟是什么，或者那一直抬头仰望着的就是一个错误的方向，即使凝视到脖颈酸疼，也不能看到刹那间点亮天际的璀璨流星。

"云在青天水在瓶"，万事万物都有自己的归宿，只有找到自己的位置，在真正属于自己的天地里做好本分，你才能感悟到生命里最真实的脉动和最清晰的纹理，那时你会发现，原来成功与幸福一直为你留着一道门。

一日，石梯禅师的侍者拿着钵往斋堂走去。

石梯禅师见到后叫住他问："你要去什么地方？"

侍者回答："我要去斋堂。"

石梯禅师斥道："你手里拿着钵，我一看就知道你要往斋堂去，这还用你说？"

侍者听后反问："禅师，既然你已经知道我要去斋堂，又为什么要我回答呢？"

石梯禅师说："我问的是你的本分事。"

"禅师如果问的是我的本分事，"侍者庄严地答道，"那我要去的地方，即是斋堂。"

石梯禅师听后大赞："你不愧为我的侍者。"

侍者的本分就是"去斋堂"，正是由于这个侍者清楚自己的位置，明白自己的职责，才能在与禅师的机锋里不落下风，令禅师对其刮目相看。同样，我们在日常工作里，也要明白自己的职责和本分。太虚大师说，人成即佛成。现代社会中，只要守住自己的责任，尽到自己的义务，敦伦尽分，即成佛。

很多人胸怀大志，说自己生下来就是要做大事情的，还要成为大人物，建立不世之功业。他们的口头禅是"成大事不拘小节"，可成大事的过程就是由平常一件件的小事组成的。每一个有自知之明的人只有找到自己的价值定位，才能够在这一方人间净土中尽情地施展自己的才能。

一个人的发展，既需要才能，也需要机遇。机遇有两种，一种是客观条件给予你的偶然性，另外一种是主观努力得到的必然机会。佛教讲"缘分"，认为每个人的"缘"是可以由自己创造的，自己可以改变自己的人生。禅宗让每个人"面对当下"，就是让人面对现实，不要回避问题，做好本分事，从本分事做起。做本分事之人总能创造属于自己的"缘"，在变幻不定的工作和生活里为自己留下一道随时可以打开的门。

门后，也许就是海阔天空。

· 禅花解语·

机遇钟爱做好本分事的人。

但念无常，慎勿放逸

> 天行健，君子以自强不息。

> ——《周易》

在漫漫人生旅途里，风雨兼程、奔波劳顿是常有的事，于是很多人都希望时不时能"偷得浮生半日闲"，好好享受安逸宁静的生活。"偷得浮生半日闲"出自唐代诗人李涉的《题鹤林寺壁》，完整的诗作是：

终日昏昏醉梦间，忽闻春尽强登山。

因过竹院逢僧话，偷得浮生半日闲。

这个在庸庸碌碌、不甚得意的生活里猛然发现春之将近，于是登山与老僧闲话，享半日闲暇的故事虽被后世传为佳话，却着实误导了很多人。有的人正是打拼事业的好年纪，却过早地向往起安稳闲适的生活，在工作中总是急功近利，希望一劳永逸；有的人正处在暂时失意却离成功咫尺之遥的关口，只需再多坚持一会儿就能柳暗花明时却过早地看破红尘，心生退意。其实，当我们追求安逸时，也绝不能忘了居安思危的道理。

有时，安逸就是地狱。

无德禅师在收学僧之前，叮嘱他们把原有的一切丢在山门之外。禅堂里，他要学僧"色身交予常住，性命付给龙天"。但是，有的学僧好吃懒做，讨厌干活；有的学僧贪图享受，攀缘俗事。

于是，无德禅师讲了下面这个故事：

有个人死后，灵魂来到一个大门前。进门的时候，司阍对他说："你喜欢吃吗？这里有的是精美食物。你喜欢睡吗？这里想睡多久就睡多久。你喜欢玩吗？这里的娱乐任你选择。你讨厌工作吗？这里保证你无事可做，没有管束。"

这个人很高兴地留了下来，吃完就睡，睡够就玩，边玩边吃。三个月下来，他觉得没有意思，于是问司阍："这种日子过久了，也不是很好。玩得太多，我已提不起什么兴趣；吃得太饱，使我不断发胖；睡得太久，头脑变得迟钝。您能给我一份工作吗？"

司阍答道："对不起！这里没有工作。"

又过了三个月，这人实在忍不住了，又问司阍："这种日子我实在无法忍受，如果没有工作，我宁愿下地狱！"

司阍带着讥笑的口气说道："这里本来就是地狱！你以为这里是极乐世界吗？在这里，你没有理想，没有创造，没有前途，没有激情，你会失去活下去的信心。这种心灵的煎熬，更甚于上刀山下油锅的皮肉之苦，你当然受不了啦！"

是啊，有时过于安逸的生活就如同地狱。你会在安逸里慢慢耗尽自己的智慧、才华和能力。刀不磨不用就会生锈，这是人人都明白的道理，可还是有很多人喜欢还刀入鞘，高高挂起。而没有勤勉、努力之剑一路披荆斩棘，你又如何通向梦想的峰巅？

三伏酷暑天，烈日炙烤之下与凉风习习的河边，你会选择哪一个？三九冰雪天，寒风凛冽的旷野与温暖如春的炉火旁，你又会如何取舍？只怕大多数人都会毫不犹豫地选择后者，可这种安逸正是软陷阱！诚然，经过长途跋涉，短暂的安逸宁静可以使我们得到休息和心灵的安宁，但是长期的安逸只会磨灭人的斗志与激情，最终毁其一生。

一开始就选择享受的人和一开始就执着奔波、千锤百炼的人，最后的结局往往是前者成了废品，后者成了珍宝。

"人寿几何？逝如朝霞。时无重至，华不再阳。"佛说生命不是一年十年一百年，而只在一呼一吸之间，它如流水般易逝，却永不复回。人生的每一秒钟都应该好好把握，不能将心灵的放松等同于无所事事的懈怠。"天行健，君子以自强不息"，大家都应以此自勉！

·禅花解语·

在勤奋中打发时间，才会得到生活的奖赏。

何必太匆忙

尽日寻春不见春，芒鞋踏遍陇头云。

归来笑拈梅花嗅，春在枝头已十分。

——唐·无尽藏《嗅梅》

匆忙赶路的人哪能看得见枝头的春色呢？

有一个农夫挑着一担橘子进城去卖。天色已晚，城门马上就要关了，而他还有二里地的路程。这时，迎面走来一个僧人，他焦急地赶上前去问道："小师父，请问城门关了吗？"

"还没有。"僧人看了看他担中满满的橘子，问道，"你赶路进城卖橘子吗？"

"是啊，不知道还来不来得及。"

僧人说："你如果慢慢地走，也许还来得及。"

农夫以为僧人故意和自己开玩笑，不满地嘀咕了两声，又匆忙上路了。他心中焦急，索性小跑起来，但还没跑出两步，脚下一滑，满筐橘子撒了一地。

僧人赶过来，一边帮他捡橘子，一边说："你看，不如脚步放稳一些吧？"

农夫害怕城门关了，一味求快，结果却把橘子撒了一地，反而耽误了时间。与其在手忙脚乱中浪费时间，不如张弛有度，井然有序地设计好每一步要踏出的距离。我们的工作也是如此，着急不能代替速度，只有细心了解工作的特质，耐心完成每个步骤，才能于不急不忙中把工作顺顺利利地完成。

一味求快，揠苗助长，往往只能造成恶果。

有一个小和尚，在树林中坐禅时看到草丛中有一只蛹，蛹已经出现了一条裂痕，似乎能看见正在其中挣扎的蝴蝶。

小和尚静静地观察了很久，只见蝴蝶在蛹中拼命挣扎，却怎么也没有办法从里面挣脱出来，几个小时过去，小和尚依然坐在那里静静地看着。

这时候，护林人的孩子跑了过来，看到地上挣扎的蛹，不由分说地捡起来将蛹上的裂痕撕得更大了。小孩子数落着和尚："师父，你是出家人，怎么连点儿慈悲心也没有呢？"

小和尚无奈地叹了口气，说道："你为何这般性急呢？蝴蝶还没有着急，你何必这么鲁莽地改变它的生命呢？"

果然，蝴蝶出来之后，因为翅膀不够有力，飞不起来，只能在地上爬。

小孩子本想帮蝴蝶的忙，结果反而害了蝴蝶，这正是"欲速则不达"的道理。由此可见，急于求成只会导致最终的失败。对于"一万年太久，只争朝夕"的人来说，最容易犯的毛病就是着急，你是其中之一吗？

工作宜"赶"，但不宜"急"，应该忙中有序地赶工作，而不是紧张兮兮地抢时间。

将手头的工作理出轻重缓急，从而按部就班地一件一件解决，这样才能既保证工作速度，又保持从容不迫的心情。

"涓流积至沧溟水，拳石垒成泰华岑。"涓涓细流汇聚起来，就能形成苍茫大海；拳头大的石头垒砌起来，就能形成泰山和华山那样的巍巍高山。同样地，只要我们一步步勤勉努力地往前赶，就能够到达成功的彼岸。

人不是高速运转的机器，倒不如以一种隐士气质尽展潇洒，纵横写意于纷乱的生活，保持一种淡定从容的心情，采一柱大漠孤烟映照落日晚霞，捉一轮皎洁明月放飞自由的心灵！

·禅花解语·

有句话人人都说，却从未往心里去，那就是：工作是忙不完的。

步步不迷，未失方向

> 为爱寻光纸上钻，不能透处几多难。
> 忽然撞着来时路，始觉平生被眼瞒。
>
> ——宋·白云守端禅师

人生苦短，自省自律的人以分秒为单位规划生活；人生漫长，没有追求的人把今年过得和去年一样。回头想想我们小时候的梦想，有多少到现在都没实现，甚至连一步都没迈出、一笔也未画下？我们只知道在紧张的工作里忙忙碌碌，在迷茫的生活里浑浑噩噩，我们努力地扑腾翅膀，却不知道自己究竟该朝着哪个方向飞。

世界上有三种人：第一种人只会回忆过去，在回忆的过程中体验感伤；第二种人只会空想未来，在空想的过程中不务正事；只有第三种人将现实与理想完美结合，高瞻远瞩，却脚踏实地。而第三种人通往成功之路的秘诀就是：画好地图。

有两个和尚分别住在相邻的两座山上的庙里，两座山之间有一条小溪，两个和尚每天都会在同一时间下山去溪边挑水，久而久之，二人成为好友。时光飞逝如白驹过隙，时间在两人每天一成不变的挑水中不知不觉过了五年。

突然有一天，左边这座山的和尚没有下山挑水，右边那座山的和尚想："他大概睡过头了。"他没有在意。哪知第二天左边这座山的和尚还是没有下山挑水，第三天也一样，过了十天还是一样。直到过了一个月，右边那座山的和尚心想："我的朋友可能生病了，我要去拜访他，看看能帮上什么忙。"于是他爬上了左边这座山，去探望他的老朋友。等他到了左边这座山的庙里，看到老友之后大吃一惊，因为老友正在诵经读书，一点也不像一个月没喝水的人。他很好奇地问："你已经一个月没有下山挑水了，难道你不用喝水吗？"

左边这座山的和尚微笑着说："来，我带你去看。"他带着右边那座山的和尚走到庙的后院，指着一口井说："这五年来，我每天做完功课后都会抽空挖这口井，即使有时很忙，我也坚持挖，能挖多少就算多少。一个月前终于挖出井水，我就不用再下山挑水了，可以有更多的时间诵经打坐，钻研佛理。"

这两个和尚不正和我们很多人一样吗？看上去大家的工作和生活都差不多，就在你已经习惯了这种差不多时，突然有一天你发现别人一下子向前跳跃了好远，有的干脆飞了起来，而你还是只在原地踏步。其实那是因为你只看见别人忙碌的身影，却看不到他们野心勃勃的灵魂。如果一个人鼠目寸光，其前途也就有限；高瞻远瞩的人，才能成就千秋的事业。这是智慧大小的差别，也是成功者和失败者的区别。

生活就好像旅行，到近郊的草木间去，一天在那里吃上三顿，回来了肚子还饱饱的；假如走一百里路呢，那就不同了，得带一点干粮，说不定要两三天才能回来；如果走一千里路，那就要准备两三个月的粮食了。假如把生活看作一场旅行，目光远大的人，就会有远大的计划；眼光短浅，只看现实的人，恐怕只能抓住今天。我们应该做的不只是拥有今天，还应该抓住明天、后天，抓

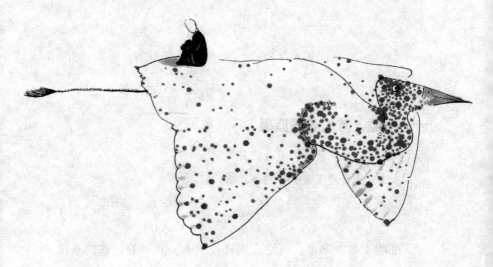

住永远。

　　如何抓住永远？首先你要向往永远！有句话说得好："不要
害怕完美，因为你永远无法达到。"既然我们谁都无法真的拥有
永远和完美，倒不如以永远和完美为目标，做好充足的计划和准备，
背负起自己的理想和信念，在工作和生活里朝着那个方向，完美
地飞翔！

· 禅花解语 ·

追梦之旅漫漫，画好地图等于走了一半。

一心一意，才能登峰造极

> 千山鸟飞绝，万径人踪灭。
>
> 孤舟蓑笠翁，独钓寒江雪。
>
> ——唐·柳宗元《江雪》

谁能于数九寒冬、鸟绝人灭之处一人一舟一笠，独钓寒江之雪？

当一个人专注于自己的心意时，他就会与周围的天地融为一体，便能从这一心一意中体悟到登峰造极的境界。届时别人依旧为几斤鱼虾沾沾自喜，而他一竿，便可钓起千江风雪。

专注是做人做事的大原则，博而不专，杂而不精，必将制约人的发展。人一生的时间和精力都是极其有限的，如果我们想做一件事情，就必须将自己仅有的时间和精力集中地投入其中，要知道，只有一心一意地做一件事情，我们才能最终把事情做好。

相传，一位得道高僧来到一座无名荒山，看见山间茅屋中闪烁金光，高僧料定此间必有高人，遂前往一探究竟。

原来，茅屋中有一位老人，正在虔诚礼佛。老人目不识丁，从未研读佛经，只是专注地念着大明咒。高僧深为老人的修为所动，只是他发现老人将六字真言中的两个字念错了，他指点老人正确的梵音读法后便离开了，想老人日后的修为定能更上一层楼。

然而，一年后，他再次来到山中，发现老人仍在屋中念咒，但金光已不再。高僧疑惑万分，与老人攀谈得知，老人以往念咒专心致志，心无旁骛，而得高僧指点后总是过于关注其中两字的读法，不由得心绪烦乱。

做人做事的道理也一样。"杂则多"，欲望多了，懂得多了，有时便会流于表面，不专一，不深入，博而不专；"多则扰"，考虑得太多，困扰了自己，也困扰了他人；"扰则忧，忧而不救"，思想复杂了，烦恼太多了，痛苦太大了，连自己都救不了，又怎么救他人？

著名科学家皮埃尔·居里说："当我像嗡嗡作响的陀螺般高速运转时，就自然排除了外界各种因素的干扰。"人，一旦进入专注状态，整个大脑就围绕一个兴奋点活动，一切干扰统统不排自除，除了自己所醉心的事业外，生死荣辱，一切皆忘。

相传，中国禅宗的始祖菩提达摩本是天竺国香至王的第三个儿子，他自幼参悟佛法，在般若多罗禅师门下修得正果后，提出要外出传法。在般若禅师的指点下，达摩来到中国传法。短暂游历之后来到嵩山少林寺，开始在五乳峰中峰的一个天然石洞中闭关参禅。

据说达摩在这个石洞里，整日面对石壁，盘膝静坐，既不说话，也不持律，终日默然面朝石壁，双眼紧闭，五心朝天。石洞内万籁俱寂，静若无人，当达摩入定后，连飞鸟都不知道这个石洞中有人。每次开定后，他也只活动一下四肢，饮水吃饭，待不再感觉倦怠就继续坐禅。外界的一切，似乎都与他无关。

就这样，入定、开定、入定……日复一日，年复一年，达摩就这样一个人在石洞中面壁参禅九年，成为中国禅宗的第一代宗师，而这段故事也成为佛教史上的美谈。

这个天然石洞，后来被称为"达摩面壁洞"，达摩坐禅对面的那块石头，也因留下了一个达摩面壁姿态的形象而被称为"达摩面壁影石"。

无论是谁，在工作时只要能够专注，就可以最大限度地释放自己的能量。在这个竞争日益激烈的社会中，一个人要想成就自己的事业，只有专注地面对自己的工作，把自己完全沉浸在工作中，除此以外没有别的秘诀。因为专注，我们会对自己想要达到的目标产生恭敬之意；因为专注，我们内心才会泉涌出无限的激情；因为专注，我们会更容易接近目标；因为专注，我们会比任何人都走得远！

·禅花解语·

专注一心，才能举重若轻。

第四章
不纠结过去，不忧心未来

心多贪念，必成羁绊

> 妙理难观旨甚深，欲知无欲是无心。
>
> 茅庵不异人间世，河上真人自可寻。
>
> ——唐·陆希声《阳羡杂咏十九首·观妙庵》

佛说"贪、嗔、痴"为人生"三毒"，是为众生业障的根本。妒忌、残害等心理，都是随三毒而来的无明烦恼。而这三毒之中，"贪"为第一毒。当我们发现自己在现实生活里奔波不停，像陀螺一样疲于旋转、永不止息时，有没有想过，那用鞭子抽打我们的，到底是现实本身，还是我们自己心里过多的贪欲？

在人生的漫漫旅途中，每个人或多或少都会遇到一些陷阱，而这些陷阱之中，有一种最为可怕，却是我们自己挖掘的，这就是贪婪。贪婪之人眼中只有欲望。有些基本的欲望是不可避免的，且适当的欲望反而有益于身心，但当我们的心里、眼里只有欲望时，当我们不顾一切地只为满足自己的欲望时，我们就会忽略自己的缺点和前方的危险，奋不顾身地跳进自己挖好的陷阱里，万劫不复。曾有人说："欲望像海水，喝得越多，越是口渴。"诚然，欲望不加节制就会"越喝越渴，越渴越喝"，最后不但没能满足欲望，反而迷失了自己。

有人问禅师："世上最可怕的是什么？"

禅师说："欲望！"

那人不解："为什么呢？"

禅师说："听我讲一个故事吧！"

有一个农民想买一块地，他听说有个地方的人想卖地，便决定到那里打听一下。到了那个地方，他向人询问："这里的地怎么卖呢？"

当地人说："只要交一千文，就给你一天时间，从太阳升起的时间算起，直到太阳落下地平线，你能用步子圈多大的地，那些地就是你的了，但如果不能回到起点，你将不能得到一寸土地。"

农民心想：那我这一天辛苦一下，多走一些路，岂不是可以圈很大的一块地？这样的生意实在太划算了！于是他就和当地人签订了合约。

太阳刚一露出地平线，他就迈着大步向前疾走，到了中午的时候，他回头看不见出发的地方了才拐弯。他的步子一分钟也没有停下，一直向前走着，心里想："忍受这一天，以后就可以享受这一天的辛苦带来的欢悦了。"

他又向前走了很远的路，眼看着太阳快要下山了，他心里非常着急，如果赶不回去就一寸土地也得不到了，因此他走斜路向起点赶去。看着快要落到地平线下面的太阳，他加快了脚步，终于只差两步就到达起点了；但是此时，他的力气已经耗尽，倒在了那里，倒下的时候两只手刚好触到起点的那条线。那片地归他了，可是又有什么用呢？他已经失去了生命，要地还有什么意义呢？

禅师讲完，沉默不语，那人却已经知道了自己想要的答案。

是啊，生命都失去了，拥有再多的土地还有什么意义呢？对一个不知足的人来说，欲望永远没有满足的那一刻，只有死亡才能让他停下匆匆的脚步。欲望如同一团烈火，柴放得越多，火烧得越旺，而火烧得越旺，人就越有添柴的冲动，于是人们奔来奔去、忙里忙外，火急火燎地把自己的生命匆匆"烧尽"了。

命运总是在满足一个人欲望的同时，塞给他一个更难满足的新的欲望。很多人最开始的时候并不贪婪，当他们发现前方拥有更多的名利财富时，不知不觉地选择了再走一步，就是这一步步，让他们越走越远，无法回头。

饮鸩不能止渴，快快从这乌烟瘴气的泥潭脱身吧！

·禅花解语·

有欲望并不可怕，可怕的是只有欲望。

不为身外之物所累

> 野僧来别我，略坐傍泉沙。
>
> 远道擎空钵，深山躅落花。
>
> 无师禅自解，有格句堪夸。
>
> 此去非缘事，孤云不定家。

> ——唐·贾岛《送贺兰上人》

"清贫"的生活符合自然，尽量节约，崇尚朴实，是一种返璞归真的生活。或许会有人把"吝啬"等同于"清贫"，但两者的实质截然不同：清贫者追求的是一种简单的生活，尤其是家境较为宽裕的人，不花钱并不是因为舍不得；悭吝人是因为舍不得给自己，更舍不得给他人，所以才节省。

金钱是用来实现人的某种理想生活方式的一种手段，而许多人却把它当成了生活的全部。生活的目的远远超越物质的层面，人的内心深处都追求精神的自由，没有精神做支撑，人就只是一具在人世间麻木地行走的躯壳而已。在这个世间生活的人，都是在实现着一种理想的生活方式或者内心信仰，如此说来，金钱远远支撑不了世人的生活。

珠光宝气并不是高贵的象征，人之所以高贵，更重要的是因为内在的气质和品格，而非外在的浮华。

一个皇帝想要整修京城里的一座寺庙，他派人去找技艺高超

的设计师，希望能够将寺庙整修得美丽而又庄严。后来有两组人员被找来了，其中一组是京城里很有名的工匠与画师，另外一组是几个和尚。皇帝不知道到底哪一组人员的手艺比较好，所以决定比较一下。他将两组人分别带到需要整修的小庙，并给了同样多的钱让他们随意支配。

工匠与画师买了一百多种颜色的漆料，还有很多工具；和尚只买了抹布与水桶等简单的清洁用具。

三天之后，皇帝来验收。他首先看了工匠与画师们所装饰的寺庙——一座被装饰得五颜六色、金光璀璨的寺庙。

皇帝满意地点点头，接着去看和尚们负责整修的寺庙。他看了一眼就愣住了——和尚们所整修的寺庙没有涂任何颜料，他们只是把所有的墙壁、桌椅、窗户等都擦拭得非常干净，寺庙中所有的物品都显出了它们原来的颜色，而它们光亮的表面就像镜子一般，映照着外面的色彩。天边多变的云彩、随风摇曳的树影，甚至是对面五颜六色的寺庙，都变成了这个寺庙美丽色彩的一部分。在正殿中，很多香客在虔诚地向佛祖跪拜。

皇帝问和尚："你们把钱花在哪里了？"

和尚合掌回答："陛下，那些接受了您施舍的流浪者，正在佛前为您祈福！"

皇帝被深深地震撼了。

和尚修整的没有任何装饰的寺庙似乎有一种神奇的魔力，如同镜子一般光亮的表面映照着外面的色彩，更折射出朴素到极致的美丽。这则禅宗故事告诉我们：极致的朴素也可能是极致的美丽，时尚华丽固然吸引人的眼球，朴素淡然也同样精彩。和尚们用最简单的方法完成皇帝的任务，却把更多的福泽与需要者分享。唯有自己朴素、简单，才会有更多的东西给人；如果自己浪费了、享受了，能给人的东西就减少了。在这个故事中，金钱充当了实现善施的道具。

从事佛学研究及教学、弘法的知名法师济群法师说过："佛法认为，解脱痛苦的方法，首先是了解痛苦的现状，其次，由此寻找痛苦之源。人类痛苦固然与外在环境有关，究其根源，还是生命内在的问题。从般若思想来看，一切痛苦都是对'有'（存在）的迷惑和执着造成，想要摆脱痛苦，必须对存在具备正确的认识。"

与其在眼花缭乱的花花世界中迷失了方向，不如做个清淡、简朴的清贫者，实现自己理想中的生活，清心寡欲，在朴实、简单的生活中安定下来，不随物质世界颠倒起伏。

· 禅花解语 ·

占有一人让人压抑，拥抱一人给人温暖。

放下执念，浅笑安然

> 昔日驱驷马，谒帝长杨官。
>
> 旌悬白云外，骑猎红尘中。
>
> 今来向漳浦，素盖转悲风。
>
> 荣华与歌笑，万里尽成空。
>
> ——南北朝·祖廷《挽歌》

在佛理看来，人世中一切事、一切物都在不断变幻，没有一刻停留；万物有生有灭，没有瞬间停留。对这种现象，佛教中有一个形象的名词——无常。宋代诗人苏东坡曾写过这样两句诗："人似秋鸿来有信，事如春梦了无痕。"国学大师南怀瑾先生认为这两句诗很好地说明了无常，他对这两句诗的解释非常有趣，他说："'人似秋鸿来有信'，苏东坡要到乡下去喝酒，去年去了一个地方，答应了今年再来，果然来了。'事如春梦了无痕'，一切的事情过去了，像春天的梦一样，人到了春天爱睡觉，睡多了就梦多，梦醒了，梦留不住，无痕迹。"

在沙漠中有一座美丽的城堡。人们在太阳刚升起时，可以见到城门、望台、宫殿，以及来来往往的行人。可随着太阳的升高，城堡就慢慢消失不见了。这其实是海市蜃楼，但总有人将它当作一个快乐的天堂，而不知道这只是沙漠中的幻象，根本不可得。

有一群从远方来的商人，无意间看到这座沙漠中的城堡，便想到那里做生意赚钱致富，于是他们飞快地赶去。可他们越是接近城堡，就越是找不到。此时他们又渴又热又累，当他们看见热浪犹如奔驰的野马群时又以为是水，急忙向前奔去，同样他们仍一无所得。

渐渐地，他们疲乏到了极点，来到穷山狭谷中，忍不住大叫大哭。就在这个时候，他们听到自己的回音，误以为是有人在附近，于是又燃起一线希望，决定再打起精神继续向前走。走着，走着，他们走了很远仍看不到人的踪迹，于是越走越灰心。最后，他们猛然发现，他们追逐的只是幻象。当下，他们停止了渴求，恍然大悟。

荣华总是三更梦，富贵还同九月霜。这荣华富贵与沙漠幻城又有何异？名是缰，利是锁，尘世的诱惑如绳索一般牵绊着众人，一切烦恼、忧愁、痛苦皆由此来。任何东西都有代价，鱼上钩是鱼垂涎鱼饵的代价；被名利所蛊惑的心，往往要付出跳下陷阱的代价。乾隆皇帝下江南时，来到江苏镇江的金山寺，看到山脚下大江东去，百舸争流，不禁兴致大发，随口问道济和尚："你在这里住了几十年，可知道每天来来往往多少船？"道济和尚回答："我只看到两条船。一条争名，一条夺利。"

名与利的供养真的是越多越好吗？未必。在佛祖看来，过于优渥的供养如芭蕉结子、竹子开花，不但于修行无益，反而会毁坏正法。修行人不要太在意物质的享受，那只会给修行带来阻碍。不追求官爵的人，就不因为高官厚禄而喜不自禁，不因为前途无望、穷困贫乏而随波逐流、趋炎附势。如果在荣辱面前一样达观，人也就无所谓忧愁。

慧忠禅师曾经对众弟子说："青藤攀附树枝，爬上了寒松顶；

白云疏淡洁白，出没于天空之中。世间万物本来清闲，只是人们自己在喧闹忙碌。"世间的人在忙些什么呢？其实不外乎是名和利。万物清闲，人又何必为了争名夺利而使自己不得清闲呢？摆脱名利等外物的束缚，才能体会"闲看庭前花开花落，漫随天外云卷云舒"的惬意。

·禅花解语·

既然什么都抓不住，不如放手看云卷云舒。

有舍才有得

> 多求待心足，未足旋倾覆。
>
> 明知贪者心，求荣不求辱。
>
> ——唐·子兰《诫贪》

"舍得"一词出自《佛经·了凡四训》，是禅的一种哲理。在佛家看来，在舍得之中世间万物达到了和谐统一。"舍"是一种处世态度。人往高处走，水往低处流。人应有理想、有追求，但是我们不仅要有追求，也要学会有所舍。因为，太盛的物欲会让人起贪念，而贪念又是一切恶行的起源之一。古人说："养心善莫寡欲。"而对财色的过分追求犹如舐刀口之蜜，为一甜而受割舌之害。世事不总尽如人意，因此，生活就是一连串取舍的过程，有取就有舍，有舍才有得。懂得用心取舍的人，才能选择最适合自己的生活，才能获得心的快乐。

生活有时需要我们做出选择，但什么才是最难舍弃的，是一种道义，还是一段感情？为什么不能抛开和牺牲一些东西，而去获得另一些永恒呢？

《百喻经》里有一个故事：从前有一只猩猩，手里抓了一把豆子，高高兴兴地在路上一蹦一跳地走着。一不留神，手中的豆子掉落了一颗，为了这颗掉落的豆子，猩猩将手中其余的豆子全部放置在路旁，趴在地上，转来转去，东寻西找，却始终不见那一颗豆子的踪影。

最后猩猩只好用手拍拍身上的灰土，回头准备拿取原先放置在一旁的豆子，怎知原先那一把豆子已被路旁的鸡鸭吃得一颗也不剩了。

想想我们现在，是否也放弃了手中的一切，仅仅为了追求"掉落的那一颗豆子"？

失去某种心爱之物大都会给我们的心理造成阴影，有时甚至因此而备受折磨。究其原因，就是我们没有调整心态面对失去，没有从心理上承认失去，而沉湎于已不存在的过去，没有想到去创造新的未来。与其怀恋过去，不如抬起头，去争取未来。放弃一些烦琐，是为了轻便地前行；放弃一丝怅惘，是为了轻快地歌唱；放弃一段凄美，是为了美好的梦想。

我们心中的欲望像是看见红色斗篷的斗牛，他人暴富，让我们血脉偾张；时尚名牌满天飞，哪能心如止水；美女香车招摇过，我们的心早已蠢蠢欲动；更不能忍受别墅洋房的诱惑。因此，很多时候，我们被世上的名利、金钱、物质所迷惑，心中只想得到，只想将其统统归于己有，而不想舍弃。于是心中充满了矛盾、忧愁、不安，心灵上承受了很大的压力，以致活得很累。《出曜经》中"佛度悭贪长者"的故事说的正是这种因不舍而矛盾忧愁的人。

佛家认为，悭贪不舍会让人受蒙蔽，而只有放下悭贪的执着，才能让心宽广起来。这就是这个故事告诉我们的道理。

诚然，人不能没有欲望，没有欲望就没有前进的动力；但如果不舍弃过度的欲望，就会陷入欲望的沟壑，给自己带来无穷无尽的烦恼和麻烦。生命属于个人，每个人都有权设计自己的生活和道路。所有的心愿，只要符合法律和道德的要求，都应该得到尊重。我们必须明白，在生命中，一切物质及肉体都是不可靠的奴仆，想让自己得以升华，就必须舍弃这些本性之外的东西，去追求生活本身的淳朴，这样才能活得惬意、活得洒脱。

· 禅花解语 ·

是取是舍，都是心的选择，我们为何不每次都选择开心和快乐？

一念放下，万般自在

> 万物自生听，太空恒寂寥。
>
> 还从静中起，却向静中消。
>
> ——唐·韦应物《咏声》

在匆忙的现代社会中，人们面临着前所未有的机遇，也身处在前所未有的困境之中。忧郁、迷茫、烦躁、冷漠……当灵魂将这些厚厚的外衣一件件穿上的时候，我们最终只会窒息。有些许禅悟的人们，不能再做一只挣扎的困兽，而要做一只展翅的大鹏，掌控自己的翅膀与命运！绝云气，负青天，击水三千，扶摇而上九万里！

明云禅师曾在终南山中修行达三十年之久，他平静淡泊，兴趣高雅，不但喜欢参禅悟道，也喜爱花草树木，尤其喜爱兰花，寺中前庭后院都栽满了各种各样的兰花，这些兰花来自四面八方，全是老禅师年复一年积聚所得。他在茶余饭后或讲经说法之余，都要去看一看他那心爱的兰花。大家都说，兰花就是明云禅师的命根子。

这天明云禅师有事要下山去，临行前当然忘不了嘱托弟子照看他的兰花。弟子也欣然受命，一盆一盆地认认真真浇水，最后轮到那盆兰花中的珍品——君子兰，弟子更加小心翼翼了，这可是师父的最爱啊！他也许浇了一上午有些累了，越是小心翼翼，手就越不听使唤，水壶从手里滑下来砸在了花盆上，连花盆架也碰倒了，整盆兰花都摔在地上。这可把弟子给吓坏了，愣在那里不知该怎么办才好，心想：师父回来看到这番景象，肯定会大发雷霆！弟子越想越害怕。

下午明云禅师回来了，他知道这件事后非但一点儿不生气，反而平心静气地安慰弟子道："我之所以栽种兰花，为的是修身养性，也是为了美化寺院环境，并不是为了生气才种的啊！世间之事都是无常的，不要执着于心爱的事物而难以割舍，那不是修禅者的秉性！"

弟子听了师父的一番话，终于放下心来，对师父敬佩不已，从此更加认真修行禅定。

我们生活在这个世界，最难做到的就是放下，自己喜爱的固然放不下，自己不喜爱的也放不下。爱憎之念常常霸占住我们的心房，哪里能快乐自主呢？

情能否放得下？人世间最说不清、道不明的就是一个"情"字。凡是陷入感情纠葛的人，往往容易失控。若能在情方面放得下，可称得上是理智的"放"。

成败能否放得下？李白在《将进酒》诗中说："天生我材必有用，千金散尽还复来。"如能在成败方面放得下，那可称得上是非常潇洒的"放"。

名能否放得下？高智商的人，患心理障碍的概率相对较高，原因在于他们一般喜欢争强好胜，对名看得较重，有的甚至爱"名"如命，累得死去活来。倘若能对名利放得下，就可称得上是超脱的"放"。

忧愁能否放得下？现实生活中令人忧愁的事实在太多了，就像宋代女词人李清照所说的："才下眉头，却上心头。"如果能对忧愁放得下，那就可称得上是幸福的"放"。

懂得放下的人是智慧的，理智的"放"、潇洒的"放"、超脱的"放"、幸福的"放"……无论是哪一种放下，都会获得自在。很多人总是抱怨自己很累，身体累，心也累，总之就是疲惫不堪。那是因为我们的身心被自己分裂成了两块，甚至更多块。

人生在世，就像一次旅途，装的东西太多，就会走不动，那还怎么去更远的地方看更好的风景？轻囊才可至远，静心方能行久。

·禅花解语·

最美的行囊，是旅途本身。

量力而行，量情而诺

> 禅客无心杖锡还，沃州深处草堂闲。
> 身随敝屦经残雪，手绽寒衣入旧山。
> 独向青溪依树下，空留白日在人间。
> 那堪别后长相忆，云木苍苍但闭关。
>
> ——唐·刘长卿《送灵澈上人还越中》

人有七情六欲，生爱与恨、悲与苦，于是众生之间便产生了联系，或和睦相处，或相互斗争。情就是一切社会纠结的根源。有句话说："情不重，不生婆娑。"在佛教用语当中，婆娑意思为堪于忍受诸苦恼而不肯出离，为三恶五趣杂会之所。这句话的意思就是因为情重而生出各种各样的人欲。所以，佛教里才称人为"有情众生"，而佛也同样深情。然而，有情在所难免，但情过重就可怕了。

舍卫国有一富翁，老来得子，当富翁和妻子双双离世之时，他的孩子年纪还小，偌大的家产没有几年就被挥霍完毕，最后流落街头以乞讨为生。

有一天，他在街上碰到父亲生前的一位好友，这位好友同样也是有钱的长者。这位长者看到故人的孩子流落到这般田地，心中不免有些悲凉，看在以往的情分上，长者决定帮助他摆脱困境。长者把他带回自己家中，分给他一份财产，还将女儿许配给他。

由于从小懒散惯了，得到财产后他又不善于打理，没过多久便家财耗尽。长者看在眼里，急在心中，为了不让自己的女儿跟着受苦，就只好又给了他一笔钱。然而，他没有改过自新，而是故态复萌，再一次把所有的钱都花光了。长者看到他这样冥顽不灵，就想让自己的女儿改嫁他人。

女儿知道这个消息后，赶紧对丈夫说："父亲很疼我，他不想让我跟着你吃苦，到时候逼你不是没有可能。一旦事情发生了，就没有挽回的余地，若还顾念夫妻的情分，就赶紧想想办法吧！"

他听了妻子的话，惭愧不已。心想：虽然自己不懂得谋生，不会理财，父母离去也早，可是和妻子之间的感情倒是一种慰藉。如今，如果连和深爱的妻子都要被迫分开，那和死也没有什么区别了。

想到死，他脑子里兴起了一个念头：既然不能和妻子相守，那么就一块儿死去吧！

于是他把妻子骗入卧房内，用尖刀刺死了妻子，随后自己也自杀了。

长者知道后哀伤不已，看着女儿的尸体不忍离去。这时，佛陀正好来到此处普度众生，长者闻讯，遂带着一家老小前往参见佛陀，希望解除心中的悲伤和烦恼。

佛陀问长者为何而来，长者一五一十地把事情告诉了佛陀。

佛陀听后，说："人常常会犯贪和嗔这样的病，而愚蠢之徒更是会引发祸害。造此孽的人因而堕入三界五趣的深渊中，永生不得自拔。有些更为愚蠢的人，到了这个地步还不知悔改。这样的贪欲殃及众生，不仅仅是你的女儿和女婿。"

佛陀最后还说了一首偈语："愚以贪自缚，不求度彼岸；贪为财爱故，害人亦自害。爱欲意为田，淫怒痴为种；故施度世者，得福无有量。伴少而货多，商人怵惕惧；嗜欲贼害命，故慧不贪欲。"

长者听后，顿时醒悟，烦恼消除。

佛陀在这里讲的"贪欲"，特指对情的贪，也就是我们所说的痴情、痴爱。痴爱便是生死根，不拔其根难解脱；痴爱若能念念断，心心弥陀全身现。世间一切情欲贪恋，都由痴爱造成，系缚着人们不得解脱自在。情痴爱染愈重，负担就愈重，如商人伴少而货多，有如牛负重行深泥中。远离生死苦恼系缚的根本，便是要以佛法的智慧光明破愚痴黑暗，才能解脱自在。

有情并不是罪过，对于世人来说更是如此。人们面对各种各样的情感时，总会奢望得到更多，于是给自己带来痛苦。

人应该懂得如何努力达到最理想的境地，知道自己该处于什么位置是最好的，这便是知足常乐之意。在知前乐后当中，也是透析自我、定位自我、放松自我的过程。人们得到了某些情感上的满足，然后适可而止，就不至于迷失方向，把自己弄得心力交瘁。

生命虽然不能永恒，但到达一定时候，它已经能够盈满幸福，如果还奢求得到更多，反而不会幸福。而止于至善，意味着到达了你感觉已经不错的时候，就认真去享受它的乐趣。这样的生活虽然处处生满情愫，却永远不会走向毁灭。

·禅花解语·

痴情不是深情，一个勒紧，一个抱紧。

看不开是苦，想开了就是福

> 青灯一点映窗纱，好读楞严莫忆家。
>
> 能了诸缘如幻梦，世间惟有妙莲花。
>
> ——宋·王安石《和诗赠女》

　　普陀山的寺院里有一位老修行者。他是一个铁工厂老板的独生子，父亲死后，他继承了全部的家业，但是他觉得铁工厂制造刀枪等武器威胁万物的生命，就放弃了父亲留给他的工厂，转而投入到农耕当中，操起锄头，带着妻子来到乡下过起了自在的田园生活。

　　他的妻子忍受不了这种淡泊、勤俭的日子，于是背着他和别人私通。这件事他是有所察觉的，不过他并未声张，也没有生气，只是把精力都放在从事农作上，偶尔也参参佛法。

　　有一天，他故意对妻子说自己要外出大半个月，让她好好照顾家。其实他只是躲在不远处的寺院里暗中观察，等待时机。

　　没过两天，妻子就约了情夫到家里来住。他见时机已成熟，便买了些酒和菜回家了。

　　妻子见他突然回来，赶紧把情夫藏了起来。他把酒菜摆好，叫来妻子和自己一块儿庆祝。

　　他说："我在外做生意赚了钱，今天你陪我好好地庆祝一番。"

　　妻子见他这么高兴，赶紧跑到厨房拿了两双筷子。他见了，说：

"你应该拿三双筷子才对。"

妻子疑惑地望着他问："为什么要拿三双？等会儿还有客人要来吗？"

他说："我们的客人早就到了。"

妻子环顾四周，问："客人在哪儿呢？"

他说："就在屋子里呀！"

妻子说："屋子里？我怎么没有看到。"

他说："你去把客人请出来吧。"

妻子既紧张又不解地说："你是不是哪里不舒服了？还是在外头遇见了什么不开心的事？"

他说："我很正常，你不用害怕。今天是个好日子，你尽管请他出来。"

妻子还是故意装作一无所知。

最后，他实在忍不住了，便喝道："不要敬酒不吃吃罚酒，快请他出来，否则我就不客气了！"

妻子吓得直哆嗦，那个躲在房里的情夫更是怕得赶紧窜了出来。

他礼貌地给妻子的情夫敬酒，还向对方跪拜磕头，吓得这对私通的男女几乎魂飞魄散。

"今天是个好日子，首先我要感谢你！"他对妻子的情夫说，"你简直是我的恩人，从今天起，我所有的财产，包括我的妻子，都送给你了。"

就这样，他把束缚他的万业放下，身心轻安地离开家，去普陀山修行了。

这对男女结为正式的夫妻，可是新任丈夫好吃懒做，吃喝嫖赌，还虐待女人。这个时候女人想起前夫的种种好处，她知道，这是报应。她跑到普陀山请求前夫与她和好，不过任凭她怎么央求，已是出家人的他都没有接受她的请求，反而劝说前妻回去和现任丈夫好好地经营家庭。

这天，她又来到普陀山请求前夫的原谅。但是前夫依旧心如止水，没有答应她。她不甘心，想尽办法讨好前夫。她记起前夫最爱吃鲤鱼，于是跑到市场买了条鲤鱼，做成前夫爱吃的口味送到普陀山上来。

前夫没有拒绝这道菜，他说："你还记得我喜欢吃鲤鱼。既然你把它给了我，那我就收下，拿去放生。"

听了前夫的话，她十分奇怪，问："鱼已经被煮熟了，还能放生吗？"

他说："是啊，死了的鱼是不可能复活放生的。我们也一样，过去的感情已经逝去，还怎么复合呢？"

逝去的爱情无法挽回，再死死地抓住不放手，也没有意义。虽然世人都希望"有情人终成眷属"，但世人总会受到很多限制，不能真的随心所欲。如果你真的爱一个人，却无法相守，你要记住：爱一个人并不一定要得到。放开手，守望对方的幸福，也是一种真爱。

爱情不是占有，也不是付出多少就能得到多少。有的时候我们会尝到失去爱人的苦涩，这时需要明白放手也是一种爱。只有这样，你才能不因自己的执着而困惑，不因自己的妄念而痛苦，才能真正拿得起、放得下。只有这样，当你遇到飞鸟与鱼的爱情时，才能感激爱情的美好，而不是为了不能在一起而悲伤痛苦。

能够相爱是幸福的，但我们总会看到一些以悲伤结束的爱情。

要培养一份清净无染的爱，在感情上就不要有得失心，不要只想得到回报，如此就不会有烦恼。我们都要学着洒脱，学着接受，"爱过，就是慈悲"，爱一个人最大的幸福不是得到对方，而是让对方得到幸福。

·禅花解语·

放手，才能释怀；松开，才是真爱。

第五章

随缘便是自在，心安便是归处

一心走路，步步莲花

> 身行幽径上，心可达十方。
>
> 步步微风起，步步莲花香。
>
> 行走于大地，是为真奇迹。
>
> 以正念而行，是为妙法身。
>
> ——一行禅师《行禅》

《阿弥陀经》里讲，念佛念到一心不乱，才可以往生极乐净土。这并不是说你念佛就能够往生极乐净土，而是因为你念佛产生了定力，有了一心不乱的定力做基础，才可以往生极乐净土。换句话说，只要你上班、工作一心一意，有了定力，你也可以借助这个定力及善的发心，想往生哪里，就往生哪里，并不是只有诵经、打坐、念佛，才可以往生极乐净土。每一个法门都是为了产生定力，有了定力才能随心所欲，而一心不乱就是最大的定力。

唐僧历经九九八十一难从西天取经归来后，名动天下，就连随行的白龙马也被赞为"天下第一名马"，迷倒了众多驴马。很多驴马都把白龙马奉为偶像，因此，总有驴马来找它探讨如何获得成功。

有驴马问它：为什么不管自己如何努力，也不能实现目标呢？白龙马回答道："我去取经，大家也应该没有闲着，有的可能比我还要忙。但我的目标很明确，一步一个脚印，十万八千里后，我回来了，你们却还在原地踏步，你们的努力只是机械地走着。"

驴马一听，愕然。

不管你身在何处，在
你朝着那个方向走的时候，
能够认真地坚持下去才能
有所收获。认真便是道！
认认真真地做每一件事
情才能得道。认真，对
于每一个平凡人来说
都是一种生活姿态，
一种对生命历程完全
负起责任来的生活姿
态，一种对生命的每
一瞬间注入所有激情
的生活姿态。我们回
顾历史便会发现，许多
成就斐然的人无一不是认
真对待他们所做的每一件事。大
到治国平天下，小到修身齐家，就连撞钟这
样看似平凡的小事，他们也用心去做。

有一天，奕尚禅师从禅房中出来就听到了阵阵悠扬的钟声，
禅师立刻被那种与众不同的钟声吸引了，他仔细聆听，神态极其
专注。钟声停了以后，他向弟子询问道："今天早上撞钟的是谁啊？"

侍者回答道："他是新来的，才来了没几天。"

奕尚禅师说："你去把他找来，我有话要问他。"

那个新来的和尚来了，奕尚禅师问道："今天早上你撞钟的

时候是什么样的心情呢？"

他回答道："没有什么特别的心情，只是当一天和尚撞一天钟。"

奕尚禅师道："我看不是这样的，撞钟的时候，你一定是想着什么，否则，你不会撞出那样的钟声。我仔细听过了，今天的钟声格外响亮，只有真心向佛的人才能撞出那样的声音来。"

新来的和尚想了想，然后说道："我没有刻意想什么，在我出家以前，师父告诉我说：'做什么事都要用心，撞钟的时候想到的只能是钟，因为钟即是佛，只有虔诚、斋戒，敬重如佛，才配去撞钟。'"

奕尚禅师面露喜色，提醒他道："撞钟是这样的，做任何事也都是这样的。要保有今天早上撞钟的禅心，以后，你的前途一定不可限量。"

这位新来的和尚便是后来著名的悟由禅师。从那以后，他牢记奕尚禅师的教诲，事事认真，做任何事都保持撞钟的禅心，最终取得了巨大的成就。

撞钟的时候想到的只是撞钟，无论是谁有了这样的认真态度，他的前途都是不可限量的。

我们虽然都会撞钟、走路，但常常心浮气躁、步履匆匆，结果总把焦虑和痛苦印在大地上。如果我们忘记焦虑，一心走路，每一步都心怀平静和喜悦，那我们的每一步都会使大地绽放莲花！

·禅花解语·

三心二意不一定做得多，一心一意必然走得远。

因境而变，随情而行

> 众生度尽，方证菩提。
>
> 地狱未空，誓不成佛。
>
> ——《地藏王菩萨之大愿力》

明代宰相张居正在《先公致祸之由敬述》中写道："二十年前，曾有一宏愿，愿以其身为蓐荐，使人寝处其上，溲溺之，垢秽之，吾无间焉。此亦吴子所知。有欲割取吾耳鼻者，吾亦欢喜施与。"蓐荐是荆楚之地流行的一种卧具，用稻草绾绳编结而成。张居正这一宏愿，表示他身为父母官，甘为百姓奔波劳苦，欲救百姓脱离苦海。他的这一精神，其实已经具备了佛陀甘为众生而舍肉身的大慈悲精神。张居正的一生，也是在为实现这一宏愿而努力，其做法虽有些地方招人非议，但并不妨碍他的济世情怀。

佛法认为，有了愿力，就会有奇迹发生。所谓愿力，就是希望、愿景。修佛法也好、救济众生也好、普度人间也好，没有愿力，便很难成就大慈大悲、救苦救难的菩提之路。

很久以前，有一只名叫欢喜首的鹦鹉，它与许多鸟兽同住在雪山对面的大竹林中。有一天，竹林起了大火，火苗迅速地蔓延开来，竹林瞬间化作火海。由于火势猛烈，鸟兽们都非常害怕，四处逃窜。

眼见这一幕，欢喜首心中不忍，飞向远处的大海取水。大海距此遥远，竹林面积广大，欢喜首根本不可能扑灭大火，但它仍然不舍林中的鸟兽同伴，于是奔赴大海，沾湿翅膀，回到竹林抖落翅膀上的水，希望扑灭大火。

就这样，它不停地在大海与竹林间往返奔波，不辞辛苦，几乎要累死了。

欢喜首的大慈悲精神撼天动地，惊动了天宫的天主释提桓因。释提桓因惊讶地问："何业力竟使忉利天宫发生如此震动？"释提桓因用天眼观察，发现了欢喜首的行为，不由得大为感动。于是，释提桓因来到欢喜首的面前说："竹林如此之大，你来回所沾的水不过几滴，根本无法扑灭大火，为什么还要坚持？"

欢喜首回答："我相信只要有愿力，就一定能灭火，即使牺牲性命。如果我牺牲了性命也不能扑灭大火，愿意来生再继续灭火，直到大火熄灭为止！"

释提桓因被欢喜首的悲心及精进的愿力所感动，立刻降下大雨，扑灭了大火。

火再大，只要有心就一定能够扑灭。欢喜首的愿力看似不切实际，但其精卫填海般的精神和大慈大悲的情怀足以撼天动地，奇迹又怎么可能离它而去。

佛说，每一种善行都有回声。而在修行的道路上，每一种愿力都能有想象不到的回报。

在佛法当中，有一种奇迹的入定方式，叫作"站禅"。这种站禅入定法只有依靠一颗纯净的求佛参禅之心才能做到。

九华山的明净和尚常因能站着睡觉而在香客中驰名。他在站着睡的时候，身体站得笔直，吸气时身体向后微微仰，呼气时则微微前倾，随着丹田气息的循环而微微摆动身体。

有一年冬天夜里，明净和尚又在一棵大树下站着睡着了，他并没有依靠大树，而是站在那里，呼出来的气体把头发和眉毛都熏成了白色，他依然不为所动。

一个香客好奇，觉得明净和尚是个懒和尚，于是上前碰了碰他，又用手电筒在他的眼前晃了很久，但明净和尚纹丝不动，连眼皮下的眼珠都没有动弹，静如泥菩萨。

有人说，这就是"站禅入定"，还有一些人直接称他为"肉身佛"。

每个修行成"肉身佛"的僧人，因为心中有坚定的信仰，有修成正果的愿力，一心一意地礼佛，所以不管在何时何地都能够进入心中的道场，成就自己的菩提路。然而，有许许多多的人从未经受修行的苦难，却因生活中的一点小烦恼而萎靡不振，在生活之路上走得磕磕绊绊。他们哪知道其实生活便是由一个个苦难和烦恼的念珠穿成的，每一段苦难和烦恼都是一次锤炼，有了希望就能将念珠转过去，而没有希望、没有信念，转过去的烦恼念珠在转回来的时候还会带来新的烦恼。

· 禅花解语 ·

心怀宏愿，才能走远。

以出世的心，面对入世的事

> 为将之道，当先治心。泰山崩于前而色不变，麋
> 鹿兴于左而目不瞬。
>
> ——宋·苏洵《心术》

禅门修行也提倡不为外物所扰专注于心的禅定功夫。宋代慧远大师曾写过一首禅诗："月白风清凉夜何，静中思动意差讹。云山巢顶芦穿膝，铁杵成针石上磨。"这讲的是当年佛陀修行坐禅时，因专注静心，不动宛若静物，因此鸟在他头上筑巢。他身边的芦苇也因时日渐长，而从他膝盖下长出。这恐怕即是专注的最高境界，同样的事例还有禅宗公案中的达摩面壁。

"风吹云动心不动，见到境界不动心。"禅的最高境界是心无外物，而人的终极自由是心灵的自由。只有做到不动心，才是真正超然物外的洒脱。

"不动心"是一个人修养和定力的体现，若一个人无此定力，则可能被外境所左右，随外境而动摇，想获得这种禅心，就要做到不为财动，不为情动，不为名动，不为谤动，不为苦动，不为难动，不为力动，不为气动。

五色幢幡升空时迎风飘动，一僧说是幡动，一僧说是风动，六祖惠能禅师从旁边经过，笑谈，既非风动，也非幡动，乃二僧心动。

风动、幡动，都不过是外境的变化，星云大师说，不动心，

才能时时与佛同在。

面对诱惑时，不动心；面对批评时，也应保持沉稳。

苏东坡被贬谪到江北瓜洲时，和金山寺的佛印和尚相交甚多，常常在一起参禅礼佛，谈经论道，成为非常好的朋友。

一天，苏东坡写了一首五言诗："稽首天中天，毫光照大千。八风吹不动，端坐紫金莲。"完成之后，他再三吟诵，觉得其中含义深刻，颇得禅家智慧之大成。苏东坡觉得佛印看到这首诗一定会大为赞赏，于是想立刻把这首诗交给佛印，但苦于公务缠身，只好派了一个小书童将诗稿送过江去请佛印品鉴。

书童按照吩咐将诗稿交给佛印和尚，佛印看过之后，微微一笑，提笔在诗稿的背面写了几个字，然后让书童带回。

苏东坡满心欢喜地打开信封，却先惊后怒。原来佛印只在宣纸背面写了两个字："狗屁。"苏东坡既生气又不解，坐立不安，索性搁下手中的事情，吩咐书童备船再次过江。

哪知苏东坡的船还未靠岸，就见佛印和尚已经在岸边等候。上岸后，苏东坡怒不可遏地对佛印说："和尚，你我相交甚好，为何要这般侮辱我呢？"

佛印笑吟吟地说："此话怎讲？我怎么会侮辱居士呢？"

苏东坡将诗稿拿出来，指着背面的"狗屁"二字给佛印看，质问原因。

佛印接过来，指着苏东坡的诗问道："居士不是自称'八风吹不动'吗？那怎么一个'屁'就过江来了呢？"

苏东坡顿时明白了佛印的意思，满脸羞愧，不知如何作答。

苏东坡是古代名士，既有很深的文学造诣，也兼容了儒释道三家关于生命哲理的阐释，而有时候，他也不能真正领悟到心定的禅理。

心动则生杂念，导致人很难认清自己。人难以认清自己，真心就像是一面被灰尘遮蔽了的镜子，无法清晰地映照出物体的形貌。真心不显，妄心就会成为人的主人。

只要我们有一颗不动的心，不生是非分别的妄念，不起憎爱怨亲的颠倒，就能够安稳如山，明净如水，悠闲如云，自在如风。

· 禅花解语 ·

不是不心动，而是本无心可动。

换个视角，天地宽阔

> 手把青秧插满田，低头便见水中天。
>
> 心地清净方为道，退步原来是向前。

——唐·布袋和尚

有位哲人曾说："我们的痛苦不是问题本身带来的，而是由我们对这些问题的看法而产生的。"这句话很经典，它告诉我们面对不同的情况，用不同的思路多角度地分析问题。因为事物都是多面性的，视角不同，所得的结果就不同。

要解决一切困难是一个美丽的梦想，但任何一个困难都是可以解决的。一个问题就是一个矛盾，而对于每一个矛盾只要找到合适的界点，就可以把矛盾的双方统一。这个界点在不停地变换，总是在与那些处在痛苦中的人玩游戏。转换看问题的视角，就是不能用一种方式看待所有的问题和问题的所有方面。如果那样，你肯定会钻进一个死胡同，离那个界点越来越远，处在混乱的矛盾中而不能自拔。

活着是需要睿智的，如果你不够睿智，那至少可以豁达。以乐观、豁达、体谅的心态看问题，就会看到事物美好的一面；以悲观、狭隘、苛刻的心态看问题，你就会觉得世界一片灰暗。两个被关在同一间牢房里的人，透过铁栏杆看外面的世界，一个看到的是美丽神秘的星空，一个看到的是地上的垃圾和烂泥，这就是区别。

换个视角看人生，你就能从容坦然地面对生活。即使跌倒，也别着急，正好可以看看低处的风景。当痛苦向你袭来的时候，不要悲观气馁，要寻找痛苦的原因、从中得到的教训及战胜痛苦的方法，勇敢地面对这多舛的生活。

匍匐着看低处的人生，是一种突破、一种解脱、一种超越、一种高层次的淡泊宁静，更是一种获得自由自在的乐趣。换一个视角看待世界，世界无限宽大；换一种立场对待人事，人事无不轻安。

活着需要睿智，需要洒脱，如果这些你做不到，至少还可以勇敢。生活也许到处都是障碍，同时也到处都是通途，只需大胆地向前走。

一个人进京赶考，住在一家店里。考试前两天他做了三个梦，第一个梦是自己在墙上种白菜；第二个梦是下雨天，他戴着斗笠还打伞；第三个梦是跟心仪已久的表妹躺在一起，但是背靠着背。这三个梦似乎有些深意，这个人第二天就赶紧去找算命的解梦。

算命的一听，连拍大腿说："你还是回家吧！你想想，高墙上种菜不是白费劲吗？戴斗笠打伞不是多此一举吗？跟表妹都躺在一张床上了，却背靠背，不是没戏吗？"

此人一听，如同掉进万丈深渊。他回到店里，心灰意冷地收拾包袱准备回家。这时住在他隔壁的和尚见了，非常奇怪，问："不是明天就要考试了吗？你怎么今天就要回乡了？"

此人如此这般说了一番，和尚乐了："哟，我也会解梦的。我倒觉得，你这次一定要留下来。你想想，墙上种菜不是高种（中）吗？戴斗笠打伞不是说明你这次有备无患吗？跟你表妹背靠背躺在床上，不是说明你翻身的时候就要到了吗？"

这个人一听，觉得更有道理，于是振奋精神参加考试，果然考中了。

换一种思维方式，把问题倒过来看，你就能变负为正，在做事情时找到峰回路转的契机，同时赢得一片新的天地。如果有个柠檬，就做一杯柠檬水，变负为正是许多成功的人都具备的一种能力。谁的生活都不会一帆风顺，当你遭遇到负面力量时，你必须努力将负的变为正的，由此才能更接近目标。

·禅花解语·

能看得见低处的生活，才能走向巅峰的人生。

回归自我，重拾初心

> 清晨入古寺，初日照高林。
> 曲径通幽处，禅房花木深。
> 山光悦鸟性，潭影空人心。
> 万籁此俱寂，但余钟磬音。
>
> ——唐·常建《题破山寺后禅院》

自心自悟，自伞自度。每个人都是自己的岛屿，无须倚傍他人，你可以依靠自己。

释迦牟尼到了一个叫逝多林的地方，看见地上不是很干净，于是立即拿起扫帚，准备清扫。这时，佛祖的弟子们都闻讯赶过来，看到佛祖亲自扫地，于是纷纷效仿佛祖，一起扫地。扫完后，佛祖和众弟子便一起来到食堂，坐了下来。这时，佛祖说道："其实，扫地有至少五种好处，一是可以让自己的心更加清净；二是可以让他人的心更加清净；三是可以方便大家；四是可以让劳动成为一种习惯；五是可以培养一种美好的品德。"

对于普通人来说，扫地是一件枯燥劳累之事，但对有心人来说，扫地也是一种修行。人的心灵变化是无限的，从肮脏的心灵中可以产生出肮脏的世界，从纯洁的心灵中可以产生出清净世界，这正是"心净则佛土净"的含义。

佛陀所创造的世界，是脱离了烦恼的清净世界。学佛在自心，成佛在净心。佛教的一切法门，主要是使人明白自心；佛教的一切修行方法，主要是使人清净自心。

县城里有一位老和尚，每天天蒙蒙亮的时候，他就开始扫地，从寺院扫到寺外，从大街扫到城外，一直扫出城十几里，天天如此，月月如此，年年如此。县城里的年轻人，从小就看见这个老和尚在扫地；那些做了爷爷的人，从小也看见这个老和尚在扫地。老和尚很老了，就像一株古老的松树，不见其再抽枝发芽，可也不见其衰老。

有一天，老和尚坐在蒲团上，安然圆寂了，县城里的人谁也不知道他活了多少岁。过了若干年，一位长者路过城外的一座小桥，见桥石上镌着字，字迹大都磨损了，老者仔细辨认，才知道石上镌着的正是那位老和尚的传记。根据老和尚遗留的度牒记载推算，他享年137岁。

据说，军阀孙传芳的部队中有一位军官在这县城扎营时，突然起意要放下屠刀，恳求老和尚收他为佛门弟子。这位军官丢下他的兵丁，拿着扫把，跟在老和尚的身后扫地。老和尚心中自是了然，向他唱了一首偈：

扫地扫地扫心地，心地不扫空扫地。

人人都把心地扫，世上无处不净地。

也许那些物欲太盛的人会讥笑这位老和尚除了扫地、扫地，还是扫地，生活太平淡、太清苦、太寂寞、太没劲。其实这位老和尚就是在这与世无争的生活中给县城扫出了一片净土，为自己扫出了心中的清净，扫出了一生的平淡美。

世人心中之所以有诸多痛苦和烦恼，都是因为自己的心不净，如果不能去除淫心、贪心、怒心，人就会陷在尘世的各种诱惑、迷惘中不能自拔，从而难以享受到生命中最本真的快乐。如果心灵是污浊的，人生的道路就会坎坷不平；如果心灵是清净的，人生的道路就会宽广平坦。

· 禅花解语 ·

用自己心灵的清净之水育出一池莲花供养自己。

好事不如无事

> 横看成岭侧成峰，远近高低各不同。
>
> 不识庐山真面目，只缘身在此山中。
>
> ——宋·苏轼《题西林壁》

多少人在人生的旅途中走马观花、步履匆忙，时而好高骛远，时而瞻前顾后，总被那"乱花丛"迷了双眼。殊不知，何必远眺？我们奋力追寻的彼岸，此刻就在我们的脚下啊！

佛陀告诉我们，人只能生活在今天，也就是现在的时间中，谁都不可能退回"昨天"或提前进入"明天"。当一切变成黑暗，后面的路与前面的路都看不见，如同前世与来生都摸不着，我们要做的还是"看脚下，看今天"。"昨天"是存在过的，不可及；"明天"仅是可能存在的，同样不可及。

在佛法上，时间是相对的。南怀师在讲解佛经时说："痛苦的时候，一分一秒却有一万年那么长；幸福快乐的时候，一万年一百年，也不过一刹那就过去了。"因此，佛法已经点题了，"一时"就是无古今，也无未来。

只要活得明心见性，随缘任运，不管是长寿还是短命，都不虚度此生。"善吾生者，乃所以善吾死也。"生命是虚无而又短暂的，它在一呼一吸之间，如流水般消逝，永远不复回。一个人只有真正认清了生命的意义和方向，好好地活着，将生命演绎得无比灿烂、无比美丽，才真正懂得善待生命。

有一天，如来佛祖把弟子们叫到法堂前，问道："你们说说，你们天天托钵乞食，究竟是为了什么？"

"世尊，这是为了滋养身体，保全生命啊。"弟子们几乎不假思索地回答。

"那么，肉体生命到底能维持多久？"佛祖接着问。

"有情众生的生命平均起来大约有几十年吧。"一个弟子迫不及待地回答。

"你并没有明白生命到底是什么。"佛祖听后摇了摇头。

另外一个弟子想了想说："人的生命在春夏秋冬之间，春夏萌发，秋冬凋零。"

佛祖还是笑着摇了摇头："你觉察到了生命的短暂，但只是看到了生命的表象而已。"

"世尊，我想起来了，人的生命在于饮食之间，所以才要托钵乞食呀！"又一个弟子一脸欣喜地答道。

"不对，不对，人活着不只是为了乞食呀！"佛祖又加以否定。

弟子们面面相觑，一脸茫然，都在思索答案。这时一个烧火的小弟子怯生生地说道："依我看，人的生命恐怕是在一呼一吸之间吧！"佛祖听后连连点头微笑。

故事中各位弟子的不同回答反映了不同的人性。人是惜命的，希望生命能够长久，才会有那么多帝王将相苦练长生之道，但他们无法改变生命是短暂的这一事实；人是有贪欲又是有惰性的，才会有那么多的"鸟为食亡"的悲剧发生；而人又是争上游的，所以才会有那么多人"只争朝夕"，从不松懈。

扼杀我们心智的一句话是"还有明天"。"还有明天"，这是一种可怕的思想，它让人不思进取，蹉跎岁月，浪费生命。它成了人做事拖延的借口，也是许多人一事无成、无所事事的原因。

昨天是一张作废的支票，明天是一张期票，而今天是你唯一拥有的现金，所以应该好好把握。很多人都有这样的习惯，一边后悔着昨天的虚度，一边下定决心，从明天开始做出改变，而今天就在这后悔和下决心之余被他轻轻放过。其实，很多人都不知道，你所能拥有的只有实实在在的今天。只有好好把握今天，明天才会更美好、更光明。

· 禅花解语 ·

彼岸若在明天，那明天永不会到来。

自知而不骄慢，自信而不傲人

> 不算菩提与阐提，惟应执著便生迷。
>
> 无端指个清凉地，冻杀胡僧雪岭西。
>
> ——唐·司空图《与伏牛长老偈（其一）》

天生的圣人毕竟不多，圣人往往也是由凡人修行而成的。在修行中，人难免会暴露出自己的种种缺点和不足。有些人在顺境中，自负自大，不可一世，而一旦遭遇挫折，便会觉得荆棘满地而一蹶不振。圣严法师在评价这些人的时候，认为他们所缺少的是自知之明，不清楚自己的缺点，也不知道自己的实力。

人要有自知之明，量力而为，才不会力不从心。

人贵有自知之明，但自知的获得，又谈何容易？只有经历过暴风骤雨的洗礼、雪压霜欺的磨砺，在无数次的跌倒之后爬起，才能够找到真实的自我，才能够正确面对自己的对与错、美与丑、善与恶，从内心做到不怨天尤人，真正认识到自己的能力，再通过不断修补与完善，向更加完美的人生靠近。

可见，贵有自知之明的"贵"字来得何其不易！

有自知之明，才能在深浅之间权宜做人。无论我们做什么，虽然要尽力而为，但也要量力而行。一个人再怎么强大，在能力上都会有一个"底线"。

深山中有一座千年古刹，一位高僧隐居在此。知道他的名声的人，都千里迢迢来找他，有的人想向大师求解人生迷津，有的人想向大师讨一些武功秘籍。

他们到达深山的时候，发现大师正从山谷里挑水。他挑得不多，两只木桶都没有装满。

按他们的想象，大师应该能够挑很大的桶，而且挑得满满的。

他们不解地问："大师，这是什么道理？"

大师说："挑水之道并不在于挑得多，而在于挑得够用。一味贪多，适得其反。"众人越发不解。大师从他们当中选了一个人，让他到山谷里打满两桶水。那人挑得非常吃力，摇摇晃晃，没走几步就跌倒在地，水全都洒了，那人的膝盖也摔破了。

"水洒了，岂不是还得重打一桶吗？膝盖破了，走路艰难，岂不是比刚才挑得更少吗？"大师说。

"那么请问大师，具体挑多少，怎么估计呢？"

大师笑道："你们看这个桶。"

众人望去，桶里画了一条线。

大师说："这条线是底线，水绝对不能高于这条线，高于这条线就超过了自己的能力和需要。起初还需要这条线，挑的次数多了，就不用看那条线了，凭感觉就知道是多是少。这条线可以提醒我们，凡事要尽力而为，也要量力而行。"

众人又问："那么，底线应该定多低呢？"

大师说："一般来说，越低越好，因为低的目标容易实现，人不容易受到打击，相反还会培养起更大的兴趣和热情，循序渐进，自然会挑得更多、挑得更稳。"

无论是大师，还是普通人，在能力上都会有一个底线，如果超过了这个底线，去做力不能及的事，那么，再强健的人也要摔跤。

　　人贵有自知之明，要真正了解自己、战胜自己、驾驭自己。自以为自知同真正自知不同，自以为了解自己是大多数人容易犯的毛病，真正了解自己是一种明智之举。人生如秤，对自己的评价轻了容易自卑；重了又容易自大；只有秤准了，才能实事求是、恰如其分地感知自我、完善自我。

　　自知无知才求知，自知无畏才拼搏。好说己长便是短，自知己短便是长。自知度愈高，求知欲愈强。学然后知不足，知然后更求知；掌握的东西越多，越感到自己学识的短浅。因此，有人说自知之明是比才能更罕见、更珍奇的东西，它总是在无边的黑夜中熠熠生光，为行人指引正确的方向。

· 禅花解语 ·

　　明确底线，才能背水一战，奋勇而起。

第六章
忍辱成大器

嫉妒别人，作践自己

莫说他人短与长，说来说去自招殃。

若能闭口深藏舌，便是修行第一方。

——宋·慈受怀深禅师

　　嫉妒心是美好生活中的毒瘤，是修行者悲心与慧命的绊脚石。自己得不到，心中就有一股酸酸的味道，这便是放不下心，是嫉妒心。嫉妒别人委实是一种难受的滋味，虽然明白自己可能永远得不到对方的成果和美誉，嘴上却不肯承认，还试图从对对方的藐视或者打击中获得平衡，这种嫉妒心理百害而无一利。

　　嫉妒像是用冰凌磨制而成的冷箭，只在暗处偷袭，而不敢在阳光下发射；嫉妒是由阴谋捆绑而成的棍棒，只能在潜伏中抽打别人的影子，而从不能摆到台面上。

　　在嫉妒这种疾病面前，很多人都成了病人，不论家世地位，不论出身背景，很多人都躲不开这种疾病的侵袭。

　　在远古时代，摩伽陀国的国王饲养了一群象。象群中，有一头象长得很特殊，全身白皙，毛柔细光滑。后来，国王将这头象交给一位驯象师照顾。这位驯象师不只照顾它的生活起居，还很用心地教它。这头白象十分聪明，一段时间之后，他们已建立了良好的默契。

　　有一年，这个国家举行大庆典。国王打算骑白象去观礼，于是驯象师将白象清洗、装扮了一番，在它的背上披上一条白毯子后，交给国王。

国王在一些官员的陪同下，骑着白象出宫看庆典。由于这头白象实在太漂亮了，民众都围拢过来，一边赞叹一边高喊着："象王！象王！"这时，骑在象背上的国王觉得所有的光彩都被这头白象抢走了，心里十分生气、嫉妒。他很快地绕完一圈，然后不悦地返回王宫。

一回王宫，他就问驯象师："这头白象，有没有什么特殊的技艺？"驯象师问国王："不知道国王您指的是哪方面？"国王说："它能不能在悬崖边展现它的技艺呢？"驯象师说："应该可以。"国王就说："好。那明天就让它在波罗奈国和摩伽陀国相邻的悬崖上表演。"

第二天，驯象师依约把白象带到悬崖上。国王就说："这头白象能以三只脚站立在悬崖边吗？"驯象师说："这简单。"他骑上象背，对白象说："来，用三只脚站立。"果然，白象立刻就缩起一只脚。国王又说："它能两脚悬空，只用两脚站立吗？""可以。"驯象师叫白象缩起两脚，它很听话地照做了。国王接着又说："它能不能三脚悬空，只用一脚站立？"

驯象师一听，明白国王存心要置白象于死地，就对白象说："你这次要小心一点，缩起三只脚，用一只脚站立。"白象也很谨慎地照做了。围观的民众看了，热烈地为白象鼓掌、喝彩！国王越想心里越不平衡，就对驯象师说："它能把后脚也缩起，全身飞过悬崖吗？"

这时，驯象师悄悄对白象说："国王存心要你的命，我们在这里会很危险，你就腾空飞到对面的悬崖上吧！"不可思议的是，这头白象竟然真的把后脚悬空，飞了起来，载着驯象师飞越悬崖，进入波罗奈国。

波罗奈国的人民看到白象飞来，全都欢呼起来。波罗奈国的国王很高兴地问驯象师："你从哪儿来？为何会骑着白象来到我的国家？"驯象师便将事情经过一一告诉国王。国王听完之后，叹道："人的心胸为什么连一头象都容纳不下呢？"

嫉妒是一种危险的情绪，它源于人对卓越的渴望与心胸的狭窄。嫉妒会使人落入流言、恶意和唾液编织而成的网中，寻不到出路。它不但损害他人，也毁灭嫉妒者自己。

产生了嫉妒心理并不可怕，关键要看你能不能正视嫉妒，并将其转化为动力。与其让嫉妒啃噬自己的内心，不如升华它，把它转化为动力，化消极为积极，做一个"心随朗月高，志与秋霜洁"，虚怀若谷、包容万千的人。

·禅花解语·

真正的王者绝不会容不得他人的光芒存在，珍珠只会衬托钻石的雍容、高贵，而不会削减它的魅力。

遇事先忍后思

　　忍字头上一把刀，遇事不忍祸先招。

　　遇事若能心头忍，逢凶化吉势必高。

——《忍字诀》

　　人人都知道"忍字头上一把刀"，"忍"是一件让人很难受的事情，脾气再好的人也有"眼里揉不得沙"的时候。然而"小不忍则乱大谋"，一个能忍耐的人才算有大能耐。小小一个"忍"字，是人一辈子的修行。

　　忍最基本的是耐心，无论做什么事情，都要有耐心。当年翻译经卷的法师，看到中国人有一种倔强的个性——忍，中国人什么都可以忍，连杀头也没有关系，都可以忍，只有侮辱不可以忍，因此，翻译经卷的法师就将这一名词译作忍辱。辱都能忍，那还有什么不能忍的呢？其用意是告诉我们做小事情要有小的耐心，做大事情要有大的耐心。《金刚经》告诉我们："一切法得成于忍。"没有忍耐，什么事情都不能成功。

　　忍耐是一种无畏的力量，就像水一样。水是忍耐的，但流水的力量最大，洪水泛滥，冲坝决堤，水滴石穿，水可以磨圆石棱。

　　一座山里有座寺庙，庙里有尊铜铸的大佛和一口大钟。每天大钟都要承受几百次的撞击，发出哀鸣，而大佛每天都坐在那里，接受千千万万人的顶礼膜拜。

一天深夜，大钟向大佛提出抗议说："你我都是铜铸的，你高高在上，每天都有人向你献花供果、烧香奉茶，甚至对你顶礼膜拜。但每当有人拜你之时，我就要挨打，这太不公平了吧！"

大佛听后思索了一会儿，微微一笑，然后安慰大钟说："大钟啊，你也不必艳羡我。你知道吗？当初我被工匠制造时，一锤一锤地敲打，一刀一刀地雕琢，历经刀山火海的痛楚，千锤百炼才铸成佛的眼耳鼻身。我的苦难，你不曾忍受，我走过难忍能忍的苦行，才会坐在这里，接受鲜花的供养和人们的顶礼膜拜！而你，别人只在你身上轻轻敲打一下，就忍受不了，痛得不停喊叫！"

大钟听后，若有所思。

忍受痛苦的雕琢和敲打之后，大佛才成为大佛，钟的那点苦又算得了什么呢？忍耐与痛苦总是相随相伴，而这样的经历，往往能够将人导向幸福的彼岸。

真正的忍耐不仅在脸上、口上，更在心上。人要活着，必须以忍处世，不但要忍穷、忍苦、忍难、忍饥、忍冷、忍热、忍气，也要忍富、忍乐、忍利、忍誉，以忍为慧力，以忍为气力，以忍为动力，还要发挥忍的生命力。

无边的罪过，在于一个"嗔"字；无量的功德，在于一个"忍"字。忍，历来是中国文化的美德之一；忍，也是佛教认为最大的德行。

· 禅花解语 ·

"忍"只有一个字，却可以刻成无数种样子。你的"忍"呢？

充实的生命，幸福的人生，需要能够忍受寂寞，忍受他人的恶意羞辱，忍受生活的磨炼，在忍耐中坚强，在坚强中成长。等到我们终成大器时，才会发现"忍"字头上这把刀，原来是把最好的雕刻刀。

要成大器，先沉住气

百结鹑衣倒挂肩，饥来吃饭倦时眠。

蒲团稳坐浑忘世，一任尘中岁月迁。

——清·行刚《孟夏关中咏》

西方有这样一首民谣：丢失一枚钉子，坏了一只蹄铁；坏了一只蹄铁，折了一匹战马；折了一匹战马，伤了一位骑士；伤了一位骑士，输了一场战斗；输了一场战斗，亡了一个帝国。

一枚小小的钉子，本来微乎其微，却决定了一个帝国的生死存亡。

生活中小小的细节往往能够决定许多重大事情的成败。从微小处开始精心打磨，是向成功之路迈出的第一步。

佛教经典中说："欲为诸佛龙象，先做众生牛马。"龙象是神佛的乘骑，牛马则是凡人的奴仆，虽然同是服务于人，但境界大不相同。

这句佛语箴言也道出一个处世真谛：与其常常抬头仰望光环炫目的大人物，不如踏踏实实地从小事做起。攀爬是徐徐上升的轨迹，即使有时候速度不尽如人意，但是经过长年累月的积累，也必然能促进人的提升与完善。

俗话说，"玉不琢不成器"，也是说的这个道理。想拥有一件没有瑕疵的玉器，需要长期的精心雕琢与打磨，每个人都应该

为自己的理想付出应有的努力。

眼光要放长远，但脚步要近，做人、做事、求学，都要放远眼光，但是不能好高骛远，脚步要从近处开始，要脚踏实地。虽然每个人心中都有一个成为龙象的愿望，但是从小事做起，从低处做起，从细节做起，才会离事业的巅峰更近一步。

一天黎明，佛陀进城，看见一名男子，向东方、南方、西方、北方礼拜。

佛陀问他："你为什么这样做啊？"

那个男子说："我叫善生，每天向各方礼拜，是家族传下来的习惯。据说这样做会得到幸福的。"

佛陀说："我也有六种礼敬的方法。"

接着，佛陀慈祥地说了活得幸福的方法："第一，孝顺父母，做儿女的要孝养、顺从自己的父母，令父母欢喜、安慰；第二，敬重师长，做学生的要敬重师长，接受教导；第三，爱护妻子，做一个好助手，夫妻要互相敬爱；第四，善待朋友，对待朋友要诚实、互敬；第五，尊敬长辈，对待长辈要恭敬；第六，善待他人，对他人要宽大。这样就会有快乐的家庭、美满的人生。否则，只是礼拜各方，又有什么用呢？"

善生听了十分高兴，从此参禅悟道，心中的幸福感日益增多。

·禅花解语·

人生如同一次行脚，步步踏实，才不惧路遥。

　　佛陀所说的获得幸福的方法其实很简单，但是，这种简简单单的做人方法，世间众生谁能够完完全全地照做呢？

　　神照本如禅师曾作过一首禅诗："处处逢归路，头头达故乡。本来现成事，何必待思量。"我们忽视了身边很多的小事，又怎么能够奢望生活给予我们更多的恩赐呢？

愚者与人斗气，慧者与人斗志

嗔恚灭功德，如火燎毫毛。

百年修善业，一念恶能烧。

——唐·王梵志《嗔恚灭功德》

在贪、嗔、痴、疑、慢五毒中，"嗔"是烦恼毒的根源，所谓"一念嗔心起，八万障门开"。

生活中，很多人一旦心中有嗔、有怨、有恨，面色、言行上很快就会有所显露。修行之人要得心安，一定要把嗔心除掉。有些人没有表现贪欲，但嗔心很重，对很多事情、很多人都看不顺眼。既然对任何事都怨愤不平，对任何人都采取对立的心态，心哪还能安定？不如趁早和自己心里的愤怒缔结一个和平的契约吧！

在生活的旅途中，每个人都难免与周围的人有不同程度的磕磕碰碰，因这样的小事而起嗔心，不仅自己会钻进一个死胡同，影响与他人的关系，而且我们也会因此少很多快乐。我们要学会记住一些美好的东西，忘却自己的不满之心，如此便能活得自在、轻松，更能坦然地面对旅途中的风风雨雨。

一天，一位法师正要开门出去，突然闯进一位身材魁梧的大汉，狠狠地撞在法师身上，把他的眼镜撞碎了，还撞青了他的眼皮。那位撞人的大汉，毫无羞愧之色，理直气壮地说："谁叫你戴眼镜的？"

法师笑了笑没有说话。

大汉颇觉惊讶地问："喂！和尚，为什么不生气呀？"

法师借机开示说："为什么要生气呢？生气就能使眼镜复原吗？生气就能让身上不痛吗？倘若我生气，必然生起事端，就会造成更多的业障及恶缘，也不能把事情化解。若是我早些或晚些开门，就能够避免一切事情的发生，说到头，其实我自己也有错。"

大汉闻言非常感动，向大师拜了又拜，问了大师名号，便离开了。

后来，大师收到大汉的一封信，得知他勤奋努力，找到了一份很好的工作，因为能够以平和宽容之心待人处世，得到了家人的爱惜和他人的尊重，生活变得非常幸福。

一个人若能够妥善处理好自己心里的嗔恨愤怒，时刻提醒自己以一颗宽容心对己对人，以一份豁达的心境面对周围的人与事，那么，这个人就能够除去很多烦恼，保持一颗宁静的心。布施心让人变得更加坚强，宽容心让人变得更加柔韧。坚忍是一种特质，像水一样，刀剑斩不断，绳索缚不住，牢笼困不得，却能穿石。

灭嗔心是修行的必经之路，如果能灭嗔心，就能修行一切善法。当嗔心的火熄灭时，对他人会生起慈悲心，会以关怀、原谅、同情的心对待彼此；当嗔心消灭时，对一切事物的决断，会以纯客

·禅花解语·

嗔心不除，万法不生；与心缔约，万法不灭。

观的智慧来处理，从而化解一切麻烦的问题。所以说一旦嗔心灭了，一切善法也就生了。

我们要学会以豁达的心胸待人处世，不因人之犯己而动气，以祥和慈悲的态度面对一切人、一切事，能够在世事面前如流水一样，可方可圆、顺其自然，过幸福的人生。

抬高别人，放低自己

> 送行无酒亦无钱，劝尔一杯菩萨泉。
>
> 何处低头不见我？四方同此水中天。
>
> ——宋·苏轼《武昌酌菩萨泉送王子立》

现实中，人们总会在一些事情上不经意地表现出些许骄傲、自负，有几个人能把"弯腰"与"低头"的智慧牢牢记在心里呢？真正有学问、有能力的人，明明自己的修养与知识都在其他人之上，但是他总是谦虚地向别人请教，真正做到了"不耻下问"。曾经有人问柏拉图："像您这样的大哲学家为什么还要那么谦虚呢？"柏拉图说："据我所知，人的知识就像是一个圆圈，圆圈里面的是你已经知道的知识，圆圈外面代表的是你未知的知识。自己的圆圈越大的人越会发现自己的知识很不足。"这一点就像我们说的，越是成熟的稻穗越是往下弯腰，一个人越是成熟，他的态度就越是谦卑，但这并不表示他就是卑微的。

不能则学，不知则问。我们固然不是神通广大的超人，显然也不是博古通今的学者，为此，我们要向有能力的人请教，向知识丰富的人学习，千万不能因为自己满腹经纶而看不起别人的学识，也不能因为自己是无能之辈而小瞧自己。

隐峰禅师跟从马祖禅师学道三年，自以为得道，于是得意起来。他备好行装，挺起胸脯，辞别马祖，准备到石头禅师处一试禅道。

　　马祖禅师看出隐峰有些心浮气躁，决定让他碰一回钉子，从失败中获得教训，临行前特意提醒他："小心啊，石头路滑。"这话一语双关：一是说山高路滑，小心被石头绊了栽跟头；二是说那石头禅师机锋了得，弄不好就会碰壁。

　　隐峰却不以为然，扬长而去。他一路兴高采烈，并未栽什么跟头，不禁更加得意。一到石头禅师处，隐峰就绕着法座走了一圈，并且得意地问道："你的宗旨是什么？"石头禅师连看都不看他一眼，两眼朝上回答道："苍天！苍天！"（禅师们经常用苍天来表示自性的虚空。）隐峰无话可对，他知道"石头"的厉害了，这才想起马祖禅师说过的话，于是重新回到马祖处。

　　马祖禅师听了事情的始末，告诉隐峰："你再去问，等他再说'苍天'，你就'嘘嘘'两声。"石头禅师用"苍天"来代表虚空，到底还有文字，可这"嘘嘘"两声，不沾文字！真是妙哉！隐峰仿佛得了法宝，欣然上路。

　　他这次满怀信心，以为天衣无缝，还是做同样的动作，问了同样的问题，岂料石头禅师却先朝他"嘘嘘"两声，这让他措手不及。他呆在那里，不得其解：怎么自己还没嘘出声，就被噎了回来？

　　这次他没有了当初的傲慢，丧气而归。他毕恭毕敬地站在马祖禅师面前，听从教诲。马祖禅师点着他的脑门说："我早就对你说过，'石头路滑'嘛！"

　　"谦虚使人进步，骄傲使人落后。"这是再简单不过的道理，可连得道禅师都难免有自满的时候，我们普遍人就更要时时自省了。人外有人，天外有天。做事应当谦虚认真，不要满足于现状；处事要耐心谨慎，不能心浮气躁。你只有将自己的姿态放低，才能从别人那里学到智慧，从而丰富完满自己的人生。

　　别再不齿于自己低下的头颅和弯下的腰肢，你要明白，那压弯我们腰肢的并不是外界的金钱权势，而是我们自己成熟的智慧。

· 禅花解语 ·

　　大海在最低处，所以一切河流才汇集到它的怀抱中。

有辱能忍，屈伸自如

> 万法出无门，纷纷使智昏。
>
> 徒称谁氏子，独立天地元。
>
> 实际且何有，物先安可存。
>
> 须知不动念，照出万重源。

——唐·皎然《禅诗》

《佛说四十二章经》记载，沙门问佛陀说："什么人的力量强大？"佛陀回答说："忍辱的人力量强大。"

这个世界是不圆满的，不圆满就会有不如意，不如意就会有辱。在佛家看来，一切不如意就是辱，一切痛苦就是辱。谁都有辱，因此，忍辱是消除烦恼、获得快乐的绝佳方法，它是一种大度，是自我意志的磨炼，是一种自信心的表现，是一种成熟人性的自我完善，更是一种处世策略。

在中外历史上，为了实现理想，有很多忍辱负重的例子。春秋时的越王勾践就是一个。为了复国报仇，他以曾经的帝王之躯，屈膝为奴。

春秋末期，越国被吴国打败后，吴王夫差同意了越国的求和请求，但提出要越王勾践夫妻去吴国做人质。为了生存，更为了日后的复国大计，勾践遵照夫差的要求，前往吴国当人质。

到了吴国以后，勾践住低矮的石屋，吃糠皮和野菜，穿着连身体都遮不住的粗布衣裳，每天像奴隶一样，勤勤恳恳地打柴、洗衣，毫无怨言。

一天，勾践听说夫差生病了，就向太宰伯嚭请求探望。伯嚭奏请夫差，获得准许后，带着勾践来到夫差的病榻前。勾践一见到夫差，就赶紧伏地而跪，说："听说大王病了，我心中万分着急，特意奏请前来探望。大王对我恩宠有加，我略懂一些医术，可以为大王诊断病情，希望得到大王的允许，也可借此略表我的效忠之心。"这时，正赶上夫差如厕，勾践等人都退到屋外，再

次回到屋内时，勾践拿起夫差的粪便，放进嘴里仔细品味。然后，勾践伏地称贺："大王的病就要痊愈了。我刚才尝出大王的粪便是苦味，这预示您的病情要好转了。"

夫差很感动，当即表示，病好后便让勾践回国。

就这样，勾践以惊人的毅力和忍劲，忍耐了三年的屈辱折磨，尝尽亡国之君的种种辛酸，终于得以返回越国。回去后，勾践励精图治，最终打败吴国。

生活中，我们很少遇到勾践那样的大"辱"，然而小"辱"往往时有发生，我们应该如何去做呢？人生在世，总得有点追求。无论身处多深的苦难中，只要找到生存的意义，找到可以为之奋斗的目标，树立自己的理想，再大的困难也无法将你击倒。

为人处世，参透屈伸之道，自能进退得宜，刚柔并济，无往不利。能屈能伸，屈是能量的积聚，伸是能量积聚后的释放；屈是伸的准备和积蓄，伸是屈的志向和目的；屈是充实自己，伸是展示自己；屈是柔，伸是刚；屈是一种气度，伸是一种魄力。伸后能屈，需要大智；屈后能伸，需要大勇。屈有多种，并非都是胯下之辱；伸亦多样，并不一定叱咤风云。屈中有伸，伸时念屈；屈伸有度，刚柔并济。人生有起有伏，当能屈能伸。起，就起他个直上云霄；伏，就伏他个如龙在渊；屈，就屈他个不露痕迹；伸，就伸他个清澈见底。这是多么奇妙、痛快、潇洒的情境啊！

· 禅花解语 ·

忍耐不能让你立地成佛，但能让佛慢慢对你诉说。

第七章

曾经吃过的苦，会成为未来的路

不磨砺，难成才

> 花繁柳密处拨得开，方见手段。
>
> 风狂雨骤时立得定，才是脚跟。

——弘一法师

生于忧患，死于安乐。安乐是人所向往的一种生活状态，因为"好逸恶劳"的种子一直深埋在我们心里，一旦有机会不劳而获，我们一般都会欣然接受。殊不知，长此以往，我们也就在这样的安逸中渐渐忘了自己的方向，忘了曾经的追求和理想，甚至忘了自己。

莲出淤泥，才更显庄严清净；鲑鱼逆游，才更加勇猛奋进。人生正是在不断超越那些横逆阻拦中才显出意义，经过历练才显出价值。

安逸的土壤孕育不出最鲜艳的花朵，平静的湖面也锻炼不出最精干的水手。当然，精干的水手也根本不屑平静的湖面。

作恶多端且杀生无数的鸯掘摩，在皈依佛门、加入比丘群后，知道过去所做的恶业必定要受到上天的磨难，于是请求佛陀给他一段时间，接受身心的考验。

他独自前往荒郊野外，无畏于日晒、雨淋、风吹，在树下静坐，累了就到洞里休息；吃的是树根、野草，穿的是破布缝成的衣服，甚至无法遮体。无论是霜雪严冻还是狂风骤雨，都不能动摇他修行的心志，他可以说是苦人所不能苦、修人所不能修。

这样，过了很长一段时间，有一天，佛陀告诉鸯掘摩："你身为比丘，应该走入社会人群。"于是鸯掘摩听从佛陀的话，跟其他比丘一样到城里托钵。

然而，人们看到他就很厌恶，不但大人辱骂他，连小孩看了都纷纷躲避。鸯掘摩向一位怀孕的妇人托钵，那妇人忽然肚子痛得哀天叫地。

鸯掘摩回到精舍，将经过告诉佛陀："受人厌弃、咒骂，这些我都不在意，因为我以前做了太多坏事，这是我罪有应得；但是，那位怀孕的妇人一看到我，连胎儿也不得安定，我该怎么做才能解除她的痛苦呢？"

佛陀要鸯掘摩再去那户人家，向妇人腹中的胎儿说："过去的我已经死了，现在我重生在如来的家庭，已经守戒清净，再也不会杀生了。"果然当鸯掘摩将此话对那位妇人反复说了三次后，妇人腹中的胎儿就安定下来了。

此后，鸯掘摩比丘走入人群托钵，仍然会被人用石头和砖块砸，甚至拿棍子打，但鸯掘摩没有怨言，也不躲避。

有一天，佛陀看鸯掘摩全身是血，而且都青肿了，心疼地对他说："你过去造的恶业确实很多，所以得长期接受磨炼。你要时时把心照顾好，耐心地接受这份业报。"

鸯掘摩比丘平静地说："我过去杀生太多、作恶多端，是罪有应得。只要我不迷失道心，即使生生世世要接受天下人的折磨，我都愿意。"

佛陀听了很欣慰，赞叹并勉励他。最终，鸯掘摩比丘修成了正果。

　　鸯掘摩比丘修行的过程是痛苦且艰难的。一个修佛的人要想修成正果，必须经历千万重考验，才能到达幸福的彼岸；一个红尘俗人，只有承受住生活的考验，才能够提升生命的质量。在平静港湾中生活的人，很难体会到与风浪搏击的乐趣，也很难享受到历经风雨后花开的喜悦。

　　人生困顿，更要坚强；世道崎岖，更要勇敢。只有经受住红尘的波涛翻涌，我们才能练出精干与从容，有朝一日去"中流击水"，也便轻松自在了。

·禅花解语·

　　只有最好的水手才有资格说："让暴风雨来得更猛些吧！"

心中有多少光芒，生活就有多少吉祥

> 逢人欲觅安心法，到处先为问道庵。
>
> 卢子不须从若士，盖公当自过曹参。
>
> 羡君美玉经三火，笑我枯桑困八蚕。
>
> 犹喜大江同一味，故应千里共清甘。
>
> ——宋·苏轼《和子由寄题孔平仲草庵次韵》

禅宗虽有顿悟解脱的妙法，但修行本身并不是那种日行千里的功夫，没有耐心，没有恒心，不盛一杯满满的愿心在手，怎有足够的力气走到佛的面前？希望是一切成就的基础。不管顺境还是逆境，不管坦途还是山路，只要内心充满希望，就可以为自己平添一份勇气和力量，挺起自己的脊梁，步步向前，直达终点。

我们必须面对这样一个事实，在这个世界上伟大人物少，失败平庸者多；卓越者活得充实、自在，失败平庸者过得空虚、艰难。为什么会这样？仔细观察，比较一下二者的心态，尤其是关键时刻的心态，我们会发现心态会导致生命的经历不同。并不是每一个贝壳都可以孕育出珍珠，也不是每一粒种子都可以萌生出幼芽，河流也会干涸，高山也会崩塌，只有满心希望、自信之人才能在纷乱红尘中自由驰骋、游刃有余。

有一个小和尚，天生愚笨，同时入寺的师兄们都已有或深或浅的悟性，但是他还是不能开化，负责教导的大和尚忍不住了，跑去住持那里诉苦，要求赶走小和尚。住持只是淡淡地说了句："他每日勤勤恳恳，诚心诵佛，并没有什么大过错，给他一些时间吧！"

一年过去了，小和尚依旧诚心念佛，却仍然没有开化，大和尚又跑到住持那里诉苦："住持啊，将他赶走吧，他实在没有佛缘。"

住持说："他每日依旧诚心诵佛，并没有丧失希望，弟子尚且如此，做师父的为何不给他一个机会呢？再等等吧。"

大和尚说："这样愚笨的人，要等到什么时候？"

住持笑了笑说："不远了。"

大和尚见赶不走小和尚，于是安排他去做砍柴挑水的粗活，小和尚在干活之余就坐在大堂殿外，静心参佛。

年底，寺院召开佛光大会，向来木讷的小和尚语出惊人，将寺院的高手一一辩退，独占大会鳌头。

会后，大和尚对住持说："这孩子深藏不露，平日哪里看得出有这般机灵！"

住持笑道："每天满怀希望、诚心诵读的人，开化只是时间问题。"

小和尚的修行，所作所为不过是净心礼佛，做砍柴挑水的粗活，但他从未因为不能悟道而失去修行的希望，每天老老实实做事，诚诚恳恳礼佛，一日不忘修行，终于开化悟得禅机。只有内心充满成佛愿力的修行之人，才能真正成就佛法。

沙子之所以能成为珍珠，是因为它有成为珍珠的信念。芸芸众生都只是一粒粒平凡的沙子，但只要怀有成为珍珠的信念，就能长成珍珠。当我们遭遇厄运的时候，当我们经受失败的时候，当我们面对重大灾难的时候，只要我们仍能在自己的生命之杯中盛满希望之水，那么，无论面临什么样的坎坷不幸之事，我们都能永葆快乐心情，生命也不会枯萎。

细细想来，人生苦难几多，失败寻常，不一定每个人都会成为伟人，我们也许是一棵凡草，但这些只是岁月之中不协调的音调。很多人之所以碌碌无为，正是因为无法以平常心度日，不肯承认自己只是凡人，便失去了对未来的憧憬和在憧憬之下的笃行。殊不知，大的修为，是在日日的精进中得到积累，继而找到自己的道场的。

有希望才有对未来的展望，每日满怀希望、脚踏实地做人的人，生活给予他的绝不可能是绝望。

· 禅花解语 ·

决定人生高度的不是你目之所及，而是心之所愿。

尊严非席，不可卷起

> 月轮端似古人心，皎洁高深处处临。
> 纵在波涛圆缺定，照尘尘亦不能侵。

——宋·释樟不《咏月》

古往今来多少人拿明月自比，但有几人能如明月般皎洁，照尘却不受尘侵呢？

大悲法师有语："人成即佛成，佛成在人格。"不管是王侯将相还是贩夫走卒，人格都是其安身立命之本。虽然好生恶死是人的本性，古人也说"自古艰难唯一死"，但这世上总有一些东西比生命更重要，人们宁愿失去生命也不愿失去它们——人格！尊严！骨气！

人生难免经历风雨泥泞、坎坷曲折，唯有点亮心中正直不屈的自尊的明灯，才能穿过崎岖雨路而不被污浊沾染双脚。一句"不食嗟来之食"，曾为多少仁人志士所赏识，也激励了许多人为免受"嗟来之食"而奋发自强，这其中包含了做人的气节和为人的尊严。但是，在求利心理的支配下，很多人开始对这种精神嘲弄和鄙视。不要说真的贫困交加，就是衣食无忧，也要伪装成贫困的样子来博取别人的同情心，骗取钱财，心安理得地过不劳而获的寄生虫生活。

我们不该像那些"软骨动物"一样在污浊的尘泥里匍匐苟且

地生活，人有脊梁是为了挺起胸膛，而不是猫起腰身！"富贵不能淫，贫贱不能移，威武不能屈"才是繁华散尽后给人生最好的答辩词。

1939 年秋，圆瑛大师在上海圆明讲堂成立莲池念佛会，忽然从外面闯进几十个日本宪兵，把他抓进日本宪兵司令部。面对如虎如狼的宪兵，大师临危不惧，借三昧定力之功，摄心入静，一心念佛，并且进行绝食抗议。宪兵无奈，又迫于社会舆论，只得放了他。大师被释放以后忽一日有僧来访，请他出任"中日佛教会长"，大师借病婉言推辞，从此闭门敛心，开始了《楞严经讲义》的撰著。大师用坚贞不屈的节操，坚持了民族气节，受到各方的钦仰，他以文弱之身抗强敌之勇气让众人折服。

做人不可有傲气，但亦不可无骨气。即使生活再困苦，时局

再艰难，在大是大非的问题上也始终要坚持原则。要明是非、知荣辱，不能拿原则做交易。

看看苏武，一边是高官厚禄，一边是赤胆忠心，他义无反顾地选择忘却富贵，铭记忠心，给人性涂上了浓重的一笔。历史不会忘却，在浮华与坚守之间，北海的苏武，那流放于荒山野原的铁血男儿，用不屈的铮铮傲骨做出了最完美诠释，忘却富足，成全气节；铭记祖国，铸就伟大。庄子甘为"孤豚""牺牛"，甘愿逍遥物外，也不愿到楚王膝前为相；屈原不忍亡国之痛，毅然投入汨罗江，以身殉国。不论是庄周，还是屈原，他们的人格和骨气，都值得称赞。

尊严非席，不可卷起；骨气如竹，不曾弯曲。只有具备这种精神和气概，才具备立身处世的品格，才能慨然走过人生的风雨和泥泞，到达洒脱自在的彼岸，成为真正的仁人志士！

· 禅花解语 ·

唯有自尊能让你穿过人生的风雨而不淋湿自己。

置身风雨，方知冷暖

> 操千曲而后晓声，观千剑而后识器。
>
> ——南北朝·刘勰《文心雕龙》

古人云，"读万卷书，行万里路"，满腹经纶却不知如何运用的人被称为"思想的巨人、行动的矮子"。这样的"矮子"很多，既有赵括纸上谈兵成为千年笑柄，又有马谡痛失街亭成为万古遗恨。所以古人又说："纸上得来终觉浅，绝知此事要躬行。"行，既是行动，也是行走，行动是一种随时而发的实践，行走是永远身在途中的状态。也就是说，修行与学习相伴相随，永远都不会停止。

成功之人一般都有一个充满行动的充实人生。他们保持着积极向上、不断向前的乐观心态，在每日的学习、积累中磨炼自己的心性，他们懂得理想只能通过实践来实现。

唐代的智闲和尚曾拜灵佑禅师为师。有一次，灵佑问智闲："你在娘胎里的时候，在做什么事呢？"

"在娘胎里的时候，能做什么事呢？"他冥思苦想，无言以对，于是说，"弟子愚钝，请师父赐教！"

灵佑笑着说："我不能说，我想听的是你的见解。"

智闲只好回去查阅经典，但没有一本书里能查到。他这才感悟道："本以为饱读诗书就可以体味佛法，参透人生的哲理，不曾想都是一场空啊！"

智闲灰心之余，一把火将佛籍经典全部烧掉了，并发誓说："从今以后再也不学佛法了，省得浪费力气！"于是他辞别灵佑禅师，准备下山。禅师没有任何安慰他的话，也没有挽留他。

智闲来到一个破损的寺庙，还过着和原来一样的生活，但心里总是放不下禅师问他的话。有一天，他随便把一片碎瓦块抛了出去，瓦块打到一棵竹子上，竹子发出了清脆的声音。智闲脑中突然一片空明，内心澎湃，他感到一种从未体验过的颤抖和喜悦，体验到禅悟的境界。

他终于醒悟："只有在生活实践中自悟自证，才能获得禅旨的真谛。"于是他立即赶到灵佑禅师身边说："师父如果当时为我说破了题意，我今天怎么会体会到顿悟的感觉呢？"

真正的学禅绝不仅仅是参参禅、念几句弥陀，而在于参悟禅宗道理，以慈悲的"行"来实践开悟的"知"。生活中所有的事情都是如此，躬行才能出真知、出真意，无论是自己在经典中学到的，还是由圣人大德告知的，这些都不是真正的懂得，那些能在翻涌的红尘里纵横恣意的大智慧只能通过不断亲身实践来参悟、获得。

很多时候，我们也拥有满满的积极向上的愿望，只是面对那些复杂纷乱，看似难于上青天的事情时，我们会被表象所蒙蔽，因而犹犹豫豫，止步不前。其实，不要在乎它是简单还是复杂，只要做就是对的。佛道本来就是简单的，若以一颗简单的心去面对，愿意做，甘愿做，任何事情也就变得简单了。

刘勰在《文心雕龙》中说："操千曲而后晓声，观千剑而后识器。"练习上千支乐曲之后才能懂得音乐，观察过上千柄剑之后才知道如何识别剑器。要学会一种技艺，不是容易的事；做个鉴赏家，也要多观察实物，纸上谈兵是不行的。要想走出人生充满风雨的幽谷，抵达光明的彼岸，只有先迈步，让自己置身风雨才行！

·禅花解语·

如果你想翻过一座高墙，那就先把帽子扔过去。

为人所不肯为，成人所不能成

> 行路难！行路难！多歧路，今安在？
>
> 长风破浪会有时，直挂云帆济沧海。
>
> ——唐·李白《行路难》

直挂云帆济沧海！多么激动人心的句子，很多时候，人们总是埋怨自己付出多回报少，却没有静下心来观察那些收获多的人究竟付出了多少、是如何付出的。不历尽歧路的坎坷，深刻体会行路之难，又怎能一步步走到海边，挂起远航的云帆？那些成就卓越的人，在实现自己的理想以前，往往承受了许多人所不能承受的痛苦，做了许多人所不能做的事情。

明代禅宗憨山大师说："荆棘丛中下脚易，月明廉下转身难。"一个人学佛处处都是障碍，满地荆棘，都是刺人的。在普通人看来，于荆棘丛中下脚非常困难，但是一个决心修道的人，并不觉得太困难，充其量满身被刺伤而已！最难的是什么呢？月明廉下转身难。要行人所不能行，忍人所不能忍，进入这个茫茫苦海中来救世救人，那才是最难做到的。

归省禅师担任住持期间，由于天旱，粮食歉收，僧人们每天只能喝粥吃野菜，个个面黄肌瘦。

有一日，归省禅师外出化缘，法远就召集大家取出柜里储藏的米做起粥来，粥还没做好，归省禅师就回来了，小和尚们一下子就跑得无影无踪了。归省禅师看到法远居然把应急用的米都煮了，生气地说："谁让你这么做的？"

法远毫无惧色地说："弟子觉得大家形容枯槁，无精打采，于是就把应急用的米拿出来煮了，请师父原谅。"

归省禅师严厉地说："依清规打三十大板，驱逐出寺！"

法远默默地离开了寺院，但他没有下山，只是在寺院外的走廊觅了个角落栖息下来。无论刮风下雨，他都不曾动摇向佛的决心。有一次归省禅师偶然看见他在寺院的角落睡觉，十分吃惊地问道："你住这里多久了？"

"已半年多了！"

"给房钱了吗？"

"没有。"

"没给房钱你怎么敢住在这里！你要住，就去交钱！"

法远默默托着钵走向市集，开始为人诵经、化缘，赚来的钱全部用来交房钱。

归省禅师笑着对众僧宣布："法远乃肉身佛也！"

后来法远继承了归省禅师的衣钵，将佛学发扬光大。

能够去做别人所不能做的事情，不仅需要巨大的勇气，更需要踏踏实实去做的精神。

一个人的生命是有限的，在这有限的时光里，想要达成诸多的理想和要求，就需要用心生活。"有花堪折直须折，莫待无花空折枝。"我们在年轻力壮的时候要修行、积累，等到老态龙钟之时才能好好地享受，才能有足够的力量继续修行。

上路吧，年轻人！一万个空洞的幻想，不及一个实际的行动。机遇往往藏身于别人所不能做的事中，不要被那些"不能"的表象所迷惑，只要我们养成做事认真仔细的习惯，对任何事情都抱持认真负责的态度，我们总能比别人多发现一些可能。这样，相比其他人，我们离那些"不能"也就更近了；这样，机遇才不会与我们擦肩而过，成功才会悄然而至。

·禅花解语·

别人不愿意去做，机会就被愿意做的人所把握。

不忘初心，方得始终

> 高淡清虚即是家，何须须占好烟霞。
> 无心于道道自得，有意向人人转赊。
> 风触好花文锦落，砌横流水玉琴斜。
> 但令如此还如此，谁羡前程未可涯。
>
> ——唐·贯休《野居偶作》

俗话说，"人生失意无南北"。宫殿里也会有悲恸，茅屋里同样会有欢笑。只是在生活中，无论是别人展示的，还是我们关注的，总是风光的一面、得意的一面，谁又愿意在众人面前揭开自己痛苦和困顿的伤疤呢？于是，很多人站在自己痛苦的围城里，以为城外的人很快乐，而一旦走出围城，就会发现生活其实都是一样的，家家有本难念的经。

人的一生，很难保证永远安宁无事。尽管先人们创造了祈祷、祝福一类的吉祥词，但灾难和痛苦还是免不了降临人间，如失去亲人、爱情重创、事业受挫等。要想抚平心灵的创伤，稳步实现自己的目标，每一个活着的人都必须学会承受痛苦。

既是如此，那么，与其不停地长吁短叹，不如面朝自己的痛苦，勇敢地注视它，试着理解它、欣赏它，在静心里体会属于自己的快意生活、春暖花开。

一条河的一边住着凡夫俗子，另一边住着僧人。凡夫俗子看到僧人每天无忧无虑，只是诵经撞钟，十分羡慕他的生活；而僧人看到凡夫俗子每天日出而作，日落而息，也十分向往那样的生活。日子久了，他们都各自在心中渴望着：到对岸去。

一天，凡夫俗子和僧人达成了协议。于是，凡夫俗子过起了僧人的生活，僧人过上了凡夫俗子的日子。

几个月过去了，成了僧人的凡夫俗子发现，原来僧人的日子并不好过，悠闲自在的日子只会让他感到无所适从，他又怀念起以前当凡夫俗子时的生活；成了凡夫俗子的僧人也体会到，他根本无法忍受世间的种种烦恼、辛劳、困惑，于是也想起做和尚的

种种好处。

又过了一段日子，他们各自心中又开始渴望：到对岸去。

可见，你眼中的他人的快乐，并非真实生活的全部。每种生活都不完美，每个生命都有自己的痛苦，不必与人做无谓的比较，每个人都有自己的生活，每种生命都能绽放独一无二的美丽。蚌是痛苦的，珍珠是它痛苦的造化，美丽并宝贵；五彩的人生之所以缤纷，是因为痛苦的折射，每一次痛苦都意味着一种美的开始，这是痛苦的价值。在经历过痛苦之后，我们才能得到甘甜。

李白，身处蜀地，心却在长安，"蜀道难，难于上青天"，可是又怎能比得上他的仕途波折。他是不羁的，挺胸而立，悠游山水，一挥手写就半个盛唐。

文天祥，山河破碎，风雨飘摇，大宋气数已尽！多年抗金救宋，一次次失败，更是让他万分凄凉。明知必死，又怎能叛宋投敌！于是，他挺身而出，从容就义。

人生如海，潮起潮落，既有春风得意的快乐，也有万念俱灰、惆怅漠然的凄苦。如果把人生的旅途描绘成图，那一定是高低起伏的曲线。"人生得意须尽欢，莫使金樽空对月。"当你快乐时，不妨尽情享受快乐，珍惜你所拥有的一切；而当生活的痛苦和不

·禅花解语·

对乐观的人来说，快乐和痛苦都是幸福的养料。

幸降临到你身上时，也不要怨叹、悲泣。

　　幸福与痛苦都在一念之间，想开了就是天堂，想不开就是地狱；想开了就是春暖花开，想不开就是无尽苦海。只有坚守初心，满怀希望，以积极的心态迎接每一天，才能在人生的山重水复处觅得柳暗花明。

第八章

于人不苛求，遇事不抱怨

以容己之心容人

三伏闭门披一衲，兼无松竹荫房廊。

安禅不必须山水，灭得心中火自凉。

——唐·杜荀鹤《夏日题悟空上人院》

世上万物平等，因此我们不仅要善待自己，更要善待别人，而世间最能够打动人的正是这种宽厚无私之心。人间世情反复不定，昨日的高山，可能今日就是河流，昨日的河流，也可能成为今日的高山。当我们行走在曲折艰难的路上，不必争一时之勇，只有退一步才能海阔天空。

"但求世上人无病，何妨架上药生尘。"在以前的药铺里常常可以看到这样一副对联，它包含的悲天悯人、宽厚无私的情怀是很让人感动的。自己虽然是良医，却祈求别人不生病，其中蕴含着至高境界的道德品质。世间天地万物数不胜数，其中最能够打动人的莫过于一颗宽厚无私、善良之心，这种宽厚的品质在佛家身上体现得最为显明。

一个人闯进云峰禅师打坐的房间，他猛地推开门，随后又猛地关上，踢掉鞋子后径直朝着云峰禅师走去。

云峰禅师依旧闭目打坐。

那人十分生气，问禅师为什么不理会他。

云峰想要点化他，便说："你返回去，重新再进门一次，当然，你得先去请求门和鞋子饶恕你刚刚的行为。"

"什么？"那人大声吼道，"你疯了吧？我为什么要请求门和鞋子的宽恕，再说了，那双鞋还是我的。怪不得人家说修禅的人都是不可理喻的，你这番荒唐的话，我可是真的领会了。"

云峰喝道："那扇门没有碍着你，你为什么要那么粗鲁地对它；你的鞋子更是和你没有仇，也没有对你发怒，你为什么要对它发火，既然对它发火，请求它的宽恕又有什么不可以。你出去，若不请求它们的宽恕，你也就不要进来了。"

那人被这一喝给喝醒了。对呀，为什么对人家发火，为什么不好好地爱人家呢？于是他走到门口，满怀悔恨地抚摸着那扇门。当他走到自己的鞋子面前时，还没有鞠躬道歉，泪水已经爬满了他的脸庞。

云峰禅师一声喝，喝醒了那颗尘封的心，那就是宽厚之心。宽厚是一种净化。当我们手捧鲜花送给别人时，最先闻到香味的是我们自己；如果我们抓起满是泥巴的泥鳅扔向别人时，首先被蹭脏的也是我们自己。拥有一颗宽厚无私和善良的心，不仅能够化解怨恨、冤仇，还能照亮你的生命，指引你前进的道路。

佛家有云："世人无数，可分三品：时常损人利己者，心灵落满灰尘，眼中多有丑恶，此乃人中下品；偶尔损人利己者，心灵稍有微尘，恰似白璧微瑕，不掩其辉，此乃人中中品；终生不

· 禅花解语 ·

　　宽容别人身上的瑕疵就是拂拭自己心里的尘埃。

损人利己者，心如明镜，纯净洁白，为世人所敬，此乃人中上品。人心本是水晶之体，容不得半点尘埃。"人世间最宝贵的不是金银财宝，也不是名声权力，而是一颗宽厚无私、品行高尚的心灵，那是纵有千金也不能买到的稀世珍品，那是做一个人中上品所必需的品德。

与人方便，自己方便

> 常喜劝人多吃亏，姑从损失学慈悲。
>
> 休随快发兔跳跃，未若长生缓步龟。
>
> ——《劝人多吃亏》

当人们纷纷感叹"处世之难，难于上青天"时，星云大师却微笑着将世界比作一场华丽的舞会，聪明人选择跳探戈，自始至终保持着优雅奔放、进退自如的姿态。

星云大师说："探戈是一种讲求韵律节拍，双方脚步必须高度协调的舞蹈。探戈好看，但要跳好探戈绝非一件轻而易举的事，很多高手均需苦练数年才能练就炉火纯青的舞技。跳探戈与处世，有着许多异曲同工之处。若想用跳探戈的方式与人相处，彼此协调，知进知退，通权达变，不但要小心不踩到对方的脚，而且要留意不让对方踩到自己的脚。这样，人与人之间才能和睦相处，恰到好处。"

慧忠禅师是禅宗六祖惠能大师的弟子。他才华横溢，为人谦逊礼让，受到世人的赞誉，就连皇帝对他也十分恭敬，常常邀请他一起谈道问法、吟诗下棋。

有一天，皇宫里来了一位道士。他自夸天地万物没有他不知道的，所以他要见皇帝，并要让皇帝看看自己所言非虚。

皇帝听说后，叫来慧忠禅师，想要考验这个道士到底有多大

的能耐。

慧忠谦让道："我懂得不多，可是他什么都懂，恐怕我考验不了他。"

皇帝说："没有关系，只要用你所知道的去考验他即可。"

慧忠禅师答应了，见到道士后，他问："听说天地万物之事您无一不通晓。我想请问，哪一门学问是您最精通的呢？"

道士轻蔑地回答："天上、地下之事我都了解，写字、作文、算术这些我都精通。"

慧忠禅师问："听说您住在太白山，那么我想问您，太白山是公的，还是母的呢？"

道士傻眼了，自己住在太白山那么久，可是从来没有想过它是公的还是母的啊。

慧忠禅师见道士答不上来，就用手指了指地面，问他："这是什么？"

"土地啊！"道士回答。

慧忠禅师蹲在地上画了一横，问道："这又是什么？"

道士说："一。"

慧忠禅师问："那么土字上面加个一，是什么？"

道士不耐烦地说："王！"

慧忠禅师又问："三七合起来的数字又是什么？"

道士说："三七二十一。"

"错了！"慧忠禅师说，"是十。有谁跟你说三七合起来就一定是二十一吗？"

道士被问得哑口无言，只能认输，离开了皇宫。

皇帝来到慧忠禅师的面前，说道："身为皇帝，金钱、权位、国家，这些都不是什么珍宝，我最珍贵的是拥有你这个国宝。"

自大的道士最后以失败收场，而慧忠禅师被皇帝称为国宝。这个故事告诉我们待人待物要时刻自谦，懂得退让。我们在生活中会遇到各种各样的人，要与各种各样的人相交相处，在人际交往中，难免会磕磕碰碰，难免会出现问题。有人说："只要有人的地方，就会有争斗。"若想与他人和平相处，就要拥有良好的

·禅花解语·

凡事给人留余地，自己才能安心于佛香

禅趣。

人际关系，在原则范围内，适当地吃亏、退让，既是一种包容的胸怀，也是一个友好的信号。若太过计较，双方都将陷入利益的泥潭而难以挣脱。

为人处世，留三分余地给别人，就是留三分余地给自己。在足够宽敞的空间里，我们才能翩翩起舞，跳一支高贵优雅的生命探戈。

大肚能容，容天下难容之事

无去无来本湛然，不居内外及中间。

一颗水精绝瑕翳，光明透出满人天。

——唐·皎然禅师

一个人的心界是关键，它决定着视界，更决定着世界。

唐代江州刺史李渤问明道禅师："佛经上说'须弥藏芥子，芥子纳须弥'未免失之玄奇了，小小的芥子，怎么可能容纳那么大的一座须弥山呢？这有悖常识，是在骗人吧？"

明道禅师闻言而笑，问道："人家说你'读书破万卷'，可有这回事？"

"当然，我岂止是读书万卷！"李渤一副得意扬扬的样子。

"那么你读过的万卷书如今何在？"

李渤抬手指着头脑说："都在这里了！"

明道禅师道："奇怪，我看你的头颅只有一个椰子那么大，怎么可能装得下万卷书？莫非你也在骗人吗？"

李渤听后，恍然大悟。

拘泥于形式，只会让心灵关闭、自以为是；开通心窍，才能融会贯通。我们的心灵就是我们的自我，不要把自我固定在一些外在的事物之上，否则会感到异常的不安。敞开心怀，才不会被一些俗世尘埃所干扰，才能安心地关注当下，保证身心的纯净。

心有多大，世界就有多大。即便不能如大鹏般翱翔于蓝天，也需拥有气吞山河的胸襟，世界也会随之变得更广阔。

此外，开阔的心胸还是一种宠辱不惊，笑看庭前花开花落的清醒剂；是一种使人做到骤然临之而不惊，无故加之而不怒的智慧和淡定。它崇尚磊落坦荡、无私无畏和志存高远的品格，鄙视斤斤计较、蝇营狗苟和鼠目寸光的行为。天地何其广阔，有多少事等待我们去做，没有开放的、气吞山河的胸襟，一味地计较、逃避，只会使自己更为闭塞。

一位学僧觉得自己的修为已经够高了，打算辞别禅师，周游四方，禅师问："四面是山，你往哪儿去？"

僧人无法应对，禅师笑了笑："竹密岂妨流水过，山高哪阻野云飞？"

学僧此时方觉自己修为不够，决定留在禅师身边继续参禅。

最好的修身是修心。竹子妨碍不了流水，高山阻挡不了云烟，一个人只有心里开阔了，眼里的一切才会开阔，才不会受制于空间、地域。所以，一个人拥有开阔的胸襟、朴实的心境是必不可少的。

大音希声，大道从简，开阔的心胸，朴实的厚道，委实强过万般钻营的机巧。厚道是大海，纳百川，载千舸，容万物，育众

·禅花解语·

心底宽厚，才能承载世界的森罗万象，而不被压伤。

生；厚道是高山，不厌细尘，不嫌怪石，披风雪，湍瀑布，生草木，活鸟兽；厚道是大地，默默承载，无怨无悔，无论是刀枪剑戟，车轮滚滚，炸弹核武，还是巨峰的重压，江河的撕扯，铁蹄的践踏都能够平静地忍受；厚道是天空，默默包容，从不逃避，不管是阴云风雨，万钧雷霆，抑或朗朗晴空，朝霞彩虹，或是沙暴埃砾，日月晨星，它都能以寥廓之胸怀容之。

心中有灯人生亮

南北东西似客身，远峰高鸟自为邻。

清歌一曲犹能住，莫道无心胜得人。

——唐·吴融《云》

散文家林清玄先生曾经写过一篇文章——《贼光消失的时候》。说一个朋友在一次拍卖活动中，见到在意大利古堡里差不多有百年历史的三百多盏水晶灯，一时心动全部买下，放在自己的房间里。林清玄大为震惊的是：在我们平常的房间里，如果摆有两三盏主灯，它们之间的光就会互相排斥。可是，这三百多盏灯放在一起，不但不抵触而且互相映衬，将房间照得非常明亮。

朋友告诉林清玄，经历过时间和空间的洗练，这些水晶灯早已收起了自己耀眼的"贼光"，取而代之的是细腻、温柔、含蓄、柔和的光辉，这就是贼光消失后生出来的"宝光"。这就像一个人，年轻时觉得自己才高八斗，到老了才渐渐知道天外有天、人外有人，于是，他变得不再焦躁、轻狂，而是学会了圆润、包容。

如果我们能够为自己点亮一盏温暖而不耀眼的心灯，将心灵的安宁与静默的智慧缓缓释放，就是对喧嚣尘世最好的慰藉。

人之所以苍老，是由于受外界环境和自己情绪变化的影响。只有保持一颗质朴宽厚的心，才可以让生命永远保持健康，让生命永远保持青春，让自己回归自然，回归生活的原始本色。

有一天，佛陀带着弟子们到王舍城去托钵。路过一家染布店的时候，佛陀停下脚步，站在店铺的旁边，专心地看着染布师傅染布，直到整个染布的过程结束后，佛陀才继续向前走。

回到精舍，佛陀问随行的弟子："今天外出，有什么感想和收获吗？"

一个弟子回答："城里很繁华，很热闹，大家都在忙着出售、购买。"

"这么多人都在买卖，你们从中看出点什么吗？"佛陀又问。

另一个弟子回道："买卖都是为了谋生。"

"对！"佛陀点点头说，"除了生活需要滋养，我们的心灵也需要滋养。"

弟子们十分好奇，问佛陀："要用什么来滋养我们的心灵呢？"

佛陀说："今天，我看到染布店的师傅，他的全身被沾染了很多的颜色，最后却染出了一匹洁白的布，那个过程他非常细心，就是为了不让布匹被染脏。"

众人终于明白佛陀白天的时候为什么会在染布店旁边停驻了。

佛陀接着说："其实修行也一样。我们处在这个浑浊而又复杂的世界，最重要的是保持心的纯净。我们原有的本真，就像那块白布，若不小心呵护，即便染布师傅的技艺再好，它的色泽也不如之前。我们应学染布师傅，仔细地呵护我们的心。"

布弄脏了，再去漂白就好，可那是一种怎样的白？它苍白到让我们无法确认其真实度，那种色泽无法让人联想到纯真，仅仅是白，一种让人心痛的惨白。我们的心也是这样，贪、痴、嗔等各种"毒"侵入了我们的心，使得它忐忑不安，无法平静。

正因如此，修养心灵才不是一件容易的事，要用一生琢磨；

暖人而不耀眼的心灯，要用一生来修。高朋满座，不要昏眩；曲终人散，不要孤独；有了成就，不要欣喜若狂；失败后，不要心灰意冷。坦然迎接生活的鲜花美酒，洒脱面对生活的刀风剑雨，以这颗宽厚质朴之心，去温暖别人，成就自己！

·禅花解语·

与人相处时，注意火候分寸，别用你的善良炙烤别人。

恶语伤人，良言暖心

> 心如大海无边际，广植净莲养身心。
>
> 自有一双无事手，为作世间慈悲人。
>
> ——唐·黄檗希运禅师

当一个人对环境和自己感到不满，变得烦躁时，他就会对周围的人和事吹毛求疵，此时，他看到的都是别人的毛病和缺点，说出来的也都是牢骚和抱怨。而当一个人什么都看得开，并懂得与人为善时，就会自然而然地发现别人的优点和有趣之处，与之和谐相处，自己也会变得开心起来。

这份与人相处的"厚道"，最该实践的对象就是我们的至亲好友。然而现实是，在遇到挫折或者内心烦乱的时候，人们总是没有办法平心静气地与人相处，总喜欢找人"撒气"，尤其是自己的亲友。

于是，生活中有了喋喋不休的埋怨、争吵、伤心、烦乱。等到冷静下来我们才发现，吵得热烈的早已不是最初那件烦心的事了。绕了一个圈子，也没有找回想要的那份认可、那份同情、那份价值。

俗世中的人往往执着于一时的对与错，而不能站在人生的高度来看待彼此之间的关系及对与错的真正意义。禅者正好相反，他们悟透人生，能够帮助人们脱离嗔怒之苦。

仙崖禅师外出弘法，路上遇到一对夫妇吵架。

妻子："你算什么丈夫，一点都不像男人！"

丈夫："你骂，你如果再骂，我就打你！"

妻子："我就骂你，你不像男人！"

这时，仙崖禅师对过路行人大声叫道："你们来看啊，看斗牛，要买门票；看斗蟋蟀、斗鸡都要买门票；现在看斗人，不要门票，你们快来看啊！"

这对夫妻仍然继续吵架。

丈夫："你再说一句我不像男人，我就杀了你！"

妻子："你杀！你杀！我说你不像男人！"

仙崖："精彩极了，现在要杀人了，快来看啊！"

路人："和尚！乱叫什么？夫妻吵架，关你何事？"

仙崖："怎不关我事？你没听到他说要杀人吗？死了人就要请和尚念经，念经时，我不就有红包拿了吗？"

路人："岂有此理，为了红包就希望死人！"

仙崖："希望不死也可以，那我就要说法了。"

这时，连吵架的夫妇都停止了吵架，双方不约而同地围上来听仙崖禅师和路人争吵。

仙崖禅师对吵架的夫妇说道："再厚的寒冰，太阳出来时都会融化；再生的饭菜，柴火点燃时都会煮熟。夫妻，既然有缘生活在一起，就要做太阳，照亮别人；做柴火，温暖别人。希望你们互相敬爱！"

这对夫妇顿有所悟，当即谢过禅师，携手离去。

烦躁的现代人更需要宁静的高山流水，而人们却在争吵中度过了一天又一天，得不偿失。

幸福，不是吵来的。虽然，生活中不如意的事处处可见，但能够真正以超然之心去面对的人不多。谁的工资涨了，谁的车子换了，谁的房子大了，所有细小的事都可能引发人们内心的纠结。一纠结脾气就不好，于是有了与他人无休止的争吵。不如停下来问问自己：目前的烦恼能左右自己前进的道路，甚至一生吗？除

·禅花解语·

心脏只有拳头大小，放下烦恼纠结，就会看见亲人温暖的笑脸。

了这些烦心的事，还有别的事情需要你完成吗？

那些烦恼都是庸人自扰，请将它们果断地从心房里扫出去，敞开心扉，让别人，尤其是自己亲人的微笑和快乐进门，让它们装满你的内心，温暖你的灵魂。

和他们一起去听听树上鸟儿的欢鸣，嗅嗅院子里的花香，你会发现，一切都那样富有生机，只要懂得心存一份于人于己的宽厚，彼此温暖，心里的阳光就永远都在！

懂包容乃成大器

> 海纳百川，有容乃大。
> 壁立千仞，无欲则刚。

——清·林则徐《自勉》

但凡真正的大人物，都有相当广阔的胸襟；斤斤计较之辈，一般难有太大的成就。佛家常劝诫人们以包容的心态看待他人，看待世界。一颗包容之心，既蕴含着善良的心意，又是智慧的体现。当包容心渐起的时候，人的自我观念就会减少，人就会以一颗菩提心提升自我，关照他人。

以包容的胸襟处世待人，既是禅修者修禅时必经的心路历程，也是我们每个人都应该具有的一种生活态度。人只有具备"海纳百川，有容乃大"的博大气魄，才能够束缚自己内心不安分的念头，平心静气地学习他人的长处，弥补自己的短处，充实自我，成就自我。

俗话说"宰相肚里能撑船"，想做一个能成大事的人，必须具备一颗包容之心。只有处处为别人着想、包容别人，才会得到更多人的理解和支持，梦想才更容易实现。

一位将军设下一桌素食宴请当地的一名得道高僧，想和他探讨人生。

高僧带着自己的徒弟前去赴宴。餐桌上摆满了美味的素肴，但是，吃饭期间，高僧的小徒弟发现一盘菜里面竟然藏了一块肥肉。

徒弟拿起筷子，故意把肉翻到菜的上面，想引起将军的注意。高僧见此也拿起筷子，不动声色地把肉又藏回碗底。小徒弟糊涂了，没有弄明白师父的意图。

过了一会儿，徒弟又把肉翻了出来。高僧见状，再次巧妙地盖住了肉。两人一翻一遮反复了好几次，高僧见弟子还是不懂他的意思，便凑到他的耳边，轻声说道："要想顾及师徒情分的话，就不要再把肉翻出来了。"

小徒弟听了这话，断然不敢再去翻那块肉，整个宴席也就相安无事地结束了。

在回去的途中，小徒弟壮起胆子问高僧："师父，为什么你不让我把肉翻出来让将军看到呢？明明知道我们只吃素，却夹了一块肥肉在其中，厨师肯定是故意的，就算不是故意的，他也犯错了，应该让将军处罚他。"

高僧说："只是一块肉而已，要是刚才将军看到了，万一他一怒之下杀了厨师，或是给了厨师另外的处罚，我们岂不是这造孽的根源？我跟你说过，修行要以慈悲为怀。没有人是完美的，再厉害的人也会有犯错的时候，何况是个小小的厨师。不管他是有意还是无意，我们要做的不是让事情变得更坏，而是尽量让事情变得更好！"

每个人都有小毛病，可能还会犯点小错误，这都是很正常的。因此，宽容地对待他人，是每一个人应具备的美德。没有一个人愿意与斤斤计较、小肚鸡肠、犯一点小错就抓住不放甚至打击报复的人在一起。

尽可能原谅他人不经意间的冒犯，这是一种重要的生活智慧。

那些无关大局之事，没必要锱铢必较，当忍则忍，当让则让。要学会对他人宽容大度。

宽容是智能的，真正懂得宽容的人，能够避免一些争端，也能够安抚他人的心灵，平静自己的性情。也许宽容并不能让你的昨天完美，但它可以让你的明天完满。

·禅花解语·

宽恕并不只是一种成全他人的气度，更是一种成就自己的智慧！

心中有恩，圆融无碍

> 白盖微云一径深，东峰弟子远相寻。
>
> 苍苔路熟僧归寺，红叶声干鹿在林。
>
> 高阁清香生静境，夜堂疏磬发禅心。
>
> 自从紫桂岩前别，不见南能直到今。
>
> ——唐·温庭筠《宿云际寺》

圆通是许多人追求的参禅境界，能够遍满一切，融通无碍，直达万物实相，是许多禅者毕生的向往。而横亘在人们通往圆通自在之境道路上的最大障碍就是"分别"之心。因为心生分别，于是看不见佛陀，看不见自己，自然有所羁绊，通融有碍。

有一次，道吾禅师问云岩："观世音菩萨有千手千眼，请问，哪一只眼睛是正眼呢？"

云岩："如同你晚上睡觉，枕头掉到地下时，你没睁开眼睛，手往地下一抓就抓起来了，请问你，你是用什么眼去抓的？"

道吾禅师听了之后，说："噢！师兄，我懂了！"

"你懂什么？"

"遍身是眼。"

云岩禅师一笑，说："你只懂了八成！"

道吾疑惑地问："那应该怎么说呢？"

"通身是眼！"

"遍身是眼"这是从分别意识去认知的，是从心性无二上显现的。我们有一个通身是眼的真心，为什么不用它彻天彻地地观照一切呢？

很多时候，我们之所以生出分别之心，是因为我们生出了"比较"之心。比较之心如双刃剑，一面如鞭，鞭策人们不断向前，追赶、超越别人和自己；一面却如刀，时刻凌迟着我们原本安逸祥和的内心。

一天，一个高傲的武士，前来拜访禅宗大师。他本是一个出色且颇具威名的武士，但当他看到大师俊朗的外形、优雅的举止，猛然自卑起来。

他对大师说道："为什么我会感到自卑？仅仅在一分钟前，我还是好好的，但我一跨进你的院子，便突然自卑起来。以前，我从没有过这种感觉。"

大师对他说道："你耐心地等一下，等这里所有的人都离开后，我会告诉你答案。"

一整天，前来拜访大师的人络绎不绝，武士等得心急火燎。直到晚上，房间里才安静下来。武士急切地说道："现在，你可以回答我了吧？"

大师说："到外面来吧。"

这是一个满月的夜晚，刚刚冲出地平线的月亮发出皎洁的光辉，大师说道："看看这些树，这棵树高入云端，而它旁边的这棵，还不及它的一半高，它们在我的窗户外面已经存在好多年了，从没有发生过什么问题。这棵小树也从没有对大树说：'为什么在你面前我总感到自卑？'一个这么高，一个这么矮，为什么我却从未听到抱怨呢？"

武士说道："因为它们不会比较。"大师回答道："那么你就不需要问我了。你已经知道答案了。"

是啊，树木之间不会比较高低，所以各自茂盛，各自葱郁；河流之间不会比较缓急，所以各自潺潺，各自汤汤；青山之间不会比较大小，所以各自重峦，各自叠翠。只有痴愚的人类才会不停地比较长短优劣，殊不知万物心性无二，皆是般若禅花，只有放下分别之心，用花草的眼睛看花草，用山川的眼睛看山川；用天的眼睛看天，用地的眼睛看地；用佛陀的眼睛看佛陀，用自己的眼睛看自己，我们才能生活得自由自在！

·禅花解语·

没有比较，便无分别；没有分别，何来高下？

图书在版编目（CIP）数据

佛系：做个真正快乐幸福的人 / 吉家乐著 . — 北
京：中国华侨出版社，2019.8（2020.7 重印）

ISBN 978-7-5113-7907-8

Ⅰ . ①佛… Ⅱ . ①吉… Ⅲ . ①人生哲学—通俗读物
Ⅳ . ① B821-49

中国版本图书馆 CIP 数据核字（2019）第 121917 号

佛系：做个真正快乐幸福的人

著　　者 / 吉家乐
责任编辑 / 刘雪涛
封面设计 / 冬　凡
文字编辑 / 贾　娟
美术编辑 / 潘　松
经　　销 / 新华书店
开　　本 / 880mm × 1230mm　1/32　印张：6　字数：157 千字
印　　刷 / 三河市华成印务有限公司
版　　次 / 2019 年 9 月第 1 版　2021 年 9 月第 3 次印刷
书　　号 / ISBN 978-7-5113-7907-8
定　　价 / 36.00 元

中国华侨出版社　北京市朝阳区西坝河东里 77 号楼底商 5 号
邮编：100028
法律顾问：陈鹰律师事务所
发 行 部：（010）88893001　　　传　　真：（010）62707370
网　　址：www.oveaschin.com　　E－m a i l：oveaschin@sina.com

如果发现印装质量问题，影响阅读，请与印刷厂联系调换。